全国高等职业教育应用型人才培养规划教材

C 语言程序设计

——任务驱动式教程

刘宇容　张文梅　主　编

张艳莉　刘雅婷　副主编

電子工業出版社

Publishing House of Electronics Industry

北京 • BEIJING

内 容 简 介

本书以C语言为程序设计语言，将“校园歌手大赛计分系统的设计”项目的开发实施分为11个相对独立的子任务，把C语言的基本语法、语句理论知识贯穿在每个任务中，通过任务的实施，使学者可以掌握C语言程序设计的理论知识和程序设计技能。每一个子任务包含一个完整的工作过程，子任务之间有相对的独立性，同时遵循知识的连续性。

本书遵循基于程序开发的实际工作过程，采用任务驱动的教学模式组织教学内容，可作为高职高专电子信息类专业基础课程的教材，也可作为程序设计爱好者的参考书。

图书在版编目（CIP）数据

C语言程序设计：任务驱动式教程/刘宇容，张文梅主编．—北京：电子工业出版社，2016.2（2022.8月重印）
全国高等职业教育应用型人才培养规划教材

ISBN 978-7-121-28205-8

Ⅰ. ①C… Ⅱ. ①刘… ②张… Ⅲ. ①C语言—程序设计—高等职业教育—教材 Ⅳ. ①TP312

中国版本图书馆CIP数据核字（2016）第035372号

策划编辑：王昭松
责任编辑：郝黎明
印　　刷：北京捷迅佳彩印刷有限公司
装　　订：北京捷迅佳彩印刷有限公司
出版发行：电子工业出版社
　　　　　北京市海淀区万寿路173信箱　邮编　100036
开　　本：787×1 092　1/16　印张：15.25　字数：390.4千字
版　　次：2016年2月第1版
印　　次：2022年8月第6次印刷
定　　价：48.00元

凡所购买电子工业出版社图书有缺损问题，请向购买书店调换。若书店售缺，请与本社发行部联系，联系及邮购电话：（010）88254888。

质量投诉请发邮件至zlts@phei.com.cn，盗版侵权举报请发邮件至dbqq@phei.com.cn。

服务热线：（010）88258888。

前 言

在众多的程序设计语言中，C 语言以其灵活性和实用性成为目前使用最广泛的高级程序设计语言之一，几乎任何一种机型、任何一种操作系统都支持 C 语言开发。C 语言程序支持大型数据库开发和 Internet 应用，其应用领域在不断拓展。因此，C 语言程序设计成为工科专业必修的专业基础课程。

本书以 C 语言为工具，打破传统的教材体系，改以工作任务为载体，以工作过程（即程序设计的过程）为依据，整合、序化教学内容，科学设计学习性工作任务。使学生掌握程序设计的基本思想、方法和技术内涵，着重培养学生分析问题、解决问题的能力，同时，让学生在学习程序设计的过程中，养成良好的编程习惯和编程风格，为后续的专业应用性课程和系统开发课程的学习打下良好的基础。

在内容选取时，注重针对性和适用性相结合，以实现课程目标为依据，以提高学生程序设计能力为核心，以应用性项目开发为主线，以 C 语言语法和结构为基础，以工作任务（学习任务）为载体，设计综合性的学习任务（项目）。本课程设计的综合性项目为“校园歌手大赛计分系统的设计”，项目的开发实施能将课程的全部内容具体化。在研究和分析完成该项目所需要的知识结构的基础上，将课程内容进行重构，细分为了 11 个相对独立的子任务，每一个子任务包含一个完整的工作过程，子任务之间有相对的独立性，同时遵循知识的连续性。各个任务的主要内容如下。

任务 1：显示评分系统标题。通过任务的实施了解 C 语言程序的基本构成和特点，以及 C 语言程序的开发环境。

任务 2：计算一名选手的得分。通过任务的实施熟悉 C 语言的基本语法单位、基本数据类型、常量与变量、运算符与表达式的使用；掌握格式输入函数 scanf()和格式输出函数 printf()的使用。

任务 3：找出最高分和最低分。通过任务实施了解结构化程序设计的概念，理解选择（分支）结构程序的设计，熟练掌握 if 语句和 switch 语句的程序设计。

任务 4：计算一名选手最后得分。通过任务实施理解循环结构程序的设计，熟练掌握 for、while、do-while 语句的程序设计，掌握转移控制语句 break、continue、goto 语句的使用。

任务 5：选手得分排序。通过任务实施掌握一维数组的定义、存储结构、输入/输出和使用方法。

任务 6：多名选手得分计算与排序。通过任务实施掌握二维数组的定义、存储结构、输入输出和使用方法。

任务 7：处理选手姓名。通过任务实施理解字符型数据的存储结构，掌握字符数组的定义、输入/输出、使用方法以及常用的字符串处理函数。

任务 8：设计简易评分系统。通过任务实施理解模块化设计的思想，学会程序的模块化设计，熟悉形式参数与实际参数的概念，掌握函数的定义和调用、函数的类型和返回值。

任务 9：利用指针设计评分系统。通过任务实施了解地址的概念，熟悉指针、指针变量、指针常量的概念和指针运算。

任务 10：设计完整评分系统。通过任务实施掌握结构体类型、结构体变量的定义、成员访问、结构体数组的定义和使用，了解共用体类型、枚举类型的定义及其变量的使用方法。

任务 11：保存与查询评分系统数据。将比赛成绩及排名保存下来，需要时可以查询。通过任务实施了解文件的概念，熟悉文件的存取方法，掌握文件指针的概念及其正确的使用方法，掌握文件读写函数的使用。

为了让读者更好地掌握所学知识，在每个任务后面配备了相应的实训内容和习题，以起到复习理论、提高实践能力的作用。

本书由刘宇容、张文梅主编，张艳莉、刘雅婷副主编，参与本书编写的人员还有来自企业的叶树瑶、周永钊先生，在此表示由衷感谢。

本书凝聚了编者多年的教学经验，在编写过程中，由于编写时间仓促，难免有不足和疏漏之处，恳请广大读者批评指正。

本书提供电子教案、书中案例程序的源代码，读者可登录华信教育资源网（www.hxedu.com.cn）注册后免费下载资源。

编　者

目　　录

任务一

显示评分系统标题

任务描述

◆ 利用 C 语言编写一个程序，显示一个简单的计分系统标题

学习要点

◆ C 语言程序的发展和特点
◆ C 语言程序的基本构成
◆ C 语言程序集成开发环境

学习目标

◆ 了解 C 语言程序的发展和特点
◆ 掌握 C 语言程序的基本构成
◆ 熟悉 C 语言集成开发环境
◆ 熟悉 C 语言程序开发过程

专业词汇

machine language 机器语言		source program 源程序	
assembly language 汇编语言		object program 目标程序	
high-level language 高级语言		executable program 可执行程序	
function 函数	statement 语句	annotation 注释	
edit 编辑	compile 编译	link 连接	run 执行

【任务说明】在这个任务中，我们将开发一个最简单的 C 语言程序，在屏幕上显示评分系统标题，如图 1.1 所示。通过这个任务，我们将熟悉 C 语言的特点和 C 语言的开发环境；掌握 C 语言程序的基本构成及程序的编写、编译和运行。

图 1.1　程序运行结果

在这个任务中，我们需要解决以下几个问题：

（1）C 语言的特点如何？

（2）怎样开发 C 语言程序？

（3）C 语言的结构是怎样的？

（4）C 语言的编码规范如何？

任务 1.1　了解 C 语言的特点

随着计算机技术的迅速发展，软件开发领域出现多种程序设计语言。C 语言是目前极为流行的一种结构化的计算机程序设计语言，它既具有高级语言的功能，又具有机器语言的一些特性，成为大部分高校学生学习编程的第一门语言。那么它具有哪些特点，是我们学习 C 语言时首先应该弄清楚的。

1.1.1　程序设计语言概述

程序是为解决某一问题而编写的一组有序指令的集合。通常，将解决一个实际问题的具体操作步骤用某种程序设计语言描述出来，就形成了程序。计算机程序设计语言可以归纳为机器语言、汇编语言和高级语言三类。

1. 机器语言（Machine Language）

机器语言是计算机硬件系统可识别的二进制指令构成的程序设计语言。机器语言是面向机器的语言，与特定的计算机硬件设计密切相关，因机器而异，可移植性差。它的优点是机器能够直接识别，执行速度快。缺点是记忆、书写、编程困难、可读性差且容易出错，因此就产生了汇编语言。

2. 汇编语言（Assemble Language）

汇编语言是一种用助记符号代表等价的二进制机器指令的程序设计语言。汇编语言也是一种直接面向计算机所有硬件的低级语言，但计算机不能直接执行汇编语言程序，必须将汇编程序翻译成机器语言程序后才能在计算机上执行。从机器语言到汇编语言是计算机语言发展史上里程碑式的进步。

3. 高级语言（High-Level Language）

高级语言是一种用接近自然语言和数学语言的语法、符号描述基本操作的程序设计语言。它符合人类的逻辑思维方式，简单易学。目前常见的高级语言有 Visual Basic、Java、C、C++、C#、Delphi 等。用高级语言编写的程序通常称为“源程序”，而由二进制的“0”、“1”代码构成的程序称为"目标程序"。用高级语言编写的程序计算机同样不能直接执行，要用翻译程序将其转换成机器语言目标程序后才能执行。例如用 C 语言编写的程序，必须先经 C 编译系统翻译成目标程序，再连接成可执行文件后才能执行。

1.1.2　C 语言的发展历史

C 语言是 1972 年贝尔实验室在 B 语言的基础上设计出来的。最初的 C 语言只是为描述和实现 UNIX 操作系统而设计开发的。但随着 C 语言的不断发展和应用的普及，C 语言可以在多种操作系统下运行，并且产生了各种不同版本的 C 语言系统。1983 年美国国家标准化协会（ANSI）根据 C 语言问世以来各种版本对 C 的发展和扩充，制定了新的标准，称为 ANSI C。1987 年 ANSI 又公布了新标准 87 ANSI C。目前流行的 C 编译系统都是以它为基础的。

随着面向对象技术的发展，在 C 语言的基础上增加了面向对象的程序设计功能，于 1983 年由贝尔实验室设计了 C++。C++语言的主要特点是全面兼容 C 语言和支持面向对象的编程方法，C++语言赢得了广大程序员的喜爱，不同的机器，不同的操作系统几乎都支持 C++语言。如 PC 上，微软公司先后推出了 MS C++、Visual C++等产品，Borland 公司先后推出了 Turbo C++、Borland C++、C++ Builder 等产品。

目前，微机中使用的 C 语言版本很多，比较经典的有 Turbo C、Borland C、Microsoft C 等。近年来，又推出了包含面向对象程序设计思想和方法的 C++，它们均支持 ANSI C，本书主要介绍 ANSI C 中的基础部分。

1.1.3　认识 C 语言的特点

了解了程序设计和 C 语言的发展历史之后，我们就可以熟悉 C 语言作为程序设计语言的特点。

C 语言经久不衰并不断发展，主要是由于它具有以下特点：

（1）C 语言是结构化程序设计语言，具有丰富的数据类型、众多的运算符，这使得程序员能轻松地实现各种复杂的数据结构和运算。C 语言具有的体现结构化程序设计的控制结构和具备抽象功能及体现信息隐蔽思想的函数，可以实现程序的模块化设计。

（2）语言简洁，使用方便、灵活。编译后生产的代码质量高，运行速度快。

（3）表达能力强。C 语言允许直接访问物理地址，能进行位操作，能实现汇编语言的大部分功能，可以直接对硬件进行操作。

（4）语法限制不太严格，程序设计自由度大。

尽管 C 语言有很多优点，但也存在一些缺点和不足。比如它的类型检验和转换比较随便，优先级太多不便记忆。这些都对程序设计者提出了更高的要求，也给初学者增加了难度。

C 语言主要编写的软件有：

（1）系统软件（操作系统、编译系统等，与 C 语言同时出名的多用户操作系统 UINX 是用 C 语言程序编制的）。

（2）嵌入式软件（C 语言是工业控制单片机的开发语言之一）。

（3）数据处理软件（如学生管理系统）。

（4）数值计算等应用于各个领域的软件。

C 语言程序可在多种操作系统的环境下运行，从普通的 C 到面向对象的 C++（它的变种为 Java）以及可视 C（Visual C）都是针对软件开发要求而产生和发展的。虽然这个发展仍在继续，但 C 语言的基本功能不变，所以学习了 C 语言之后再学 C++、Java、VC 就很容易了。

任务 1.2　熟悉 C 语言程序开发环境

VC++6.0 是目前比较流行的集成开发环境，本书中的程序均采用 VC++6.0 编写、编译和运行。

1.2.1　VC++6.0 安装

（1）打开安装文件目录，鼠标双击安装文件，如图 1.2 所示，这是安装的第一步，单击“下一步”按钮。

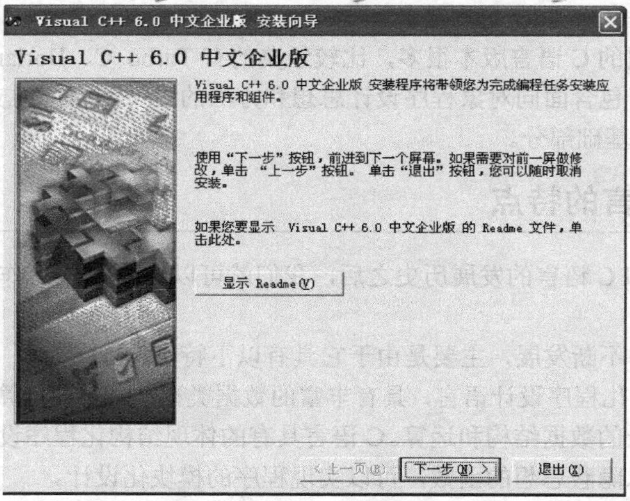

图 1.2　Visual C++ 6.0 安装向导（1）

（2）选择“安装 Visual C++6.0 中文企业版（I）”，如图 1.3 所示，这是要安装的程序，单击“下一步”按钮。

（3）在图 1.4 中选择“typical”继续安装，“文件夹”中显示默认的安装目录，单击“更改文件夹”按钮可以重新设置安装的目录。

（4）在图 1.5 中取消对“安装 MSDN”的选择，单击“退出”按钮。

（5）程序安装完毕，在电脑的“开始”菜单中，选择“所有程序”，在“Microsoft Visual C++ 6.0”目录中选择“Microsoft Visual C++ 6.0”就可以运行程序了。也可以将这个图标发送到桌面快捷方式，这样就可以直接在桌面上运行程序。

安装完 VC++6.0 后，就可以编写、编译和运行 C 语言程序。

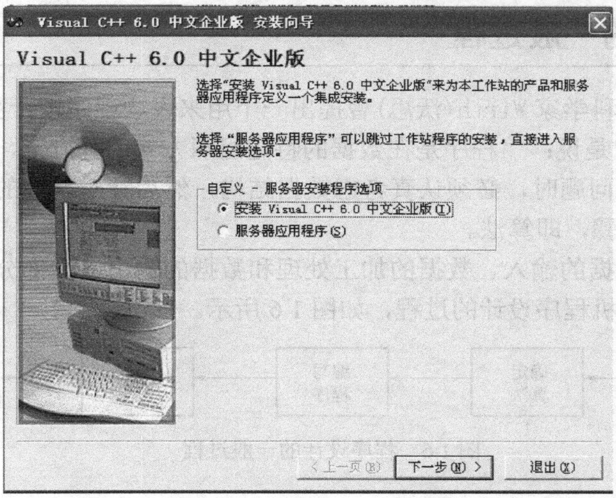

图 1.3　Visual C++ 6.0 安装向导（2）

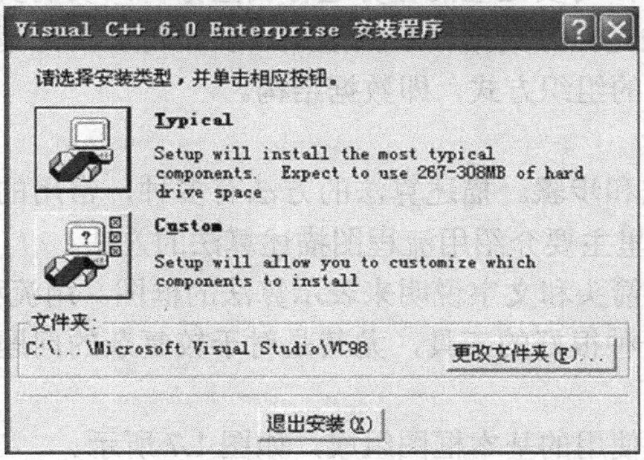

图 1.4　Visual　C++6.0 安装向导（3）

图 1.5　Visual C++ 6.0 安装向导（4）

1.2.2 程序设计的一般过程

世界著名的计算机科学家 Wirth(沃思)曾提出一个用来表达程序设计实质的著名公式：**程序=算法+数据结构**。就是说：“程序是在数据的特定组织方式的基础上，对抽象算法的具体描述”。因此，在分析问题时，必须认真考虑数据结构，然后针对具体的数据结构设计相应的解决问题的方法和步骤，即算法。

一个程序应包括数据的输入、数据的加工处理和数据的输出三大部分。要设计出一个好的程序，必须了解计算机程序设计的过程，如图 1.6 所示。

图 1.6 程序设计的一般过程

1. 分析问题

按照任务所提出的要求，对要处理的任务进行调查分析，明确要实现的功能，并选择合适的解决方案。要分析哪些是原始数据、从哪里来，要如何加工处理数据，结果如何输出等方面，从而确定和设计数据的组织方式，即数据结构。

2. 确定算法

算法是解决问题的方法和步骤。描述算法的方法有多种，常用的有自然语言、结构化流程图、N-S 图和伪码等。这里主要介绍用流程图描述算法的方法。

流程图是用几种图形、箭头和文字说明来表示算法的框图。用流程图的优点是形象直观、通俗易懂，是描述算法的一种很好的工具，尤其是对于较复杂的问题，能将设计者的思路清楚地表达出来。

流程图一般由以下规定使用的基本框图组成，如图 1.7 所示。

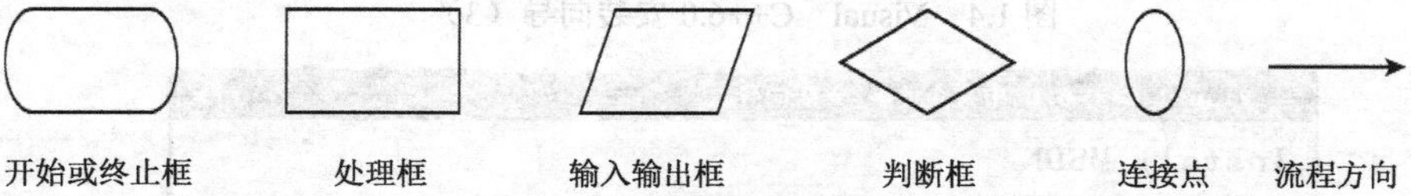

图 1.7 流程图基本框图

一般流程图由顺序、选择和循环三种基本结构组成，这三种基本结构可以相互嵌套，形成结构化的程序流程图。由结构化的流程图编出的程序也是结构化的程序。用结构化的流程图的方式描述计算从 1 到 100 所有整数和的算法如图 1.8 所示。

3. 编写程序

根据以上确定的算法，用某种计算机语言实现这种算法，就是编写源程序。

4. 调试程序

对于复杂的问题并不是编出来就能用的，要经过多次排错，调试及试运行，才可能得到能正确运行的程序。

5. 整理文档

程序调试通过后，应该整理资料，编写程序使用说明书及程序所要求的软硬件环境等技术性文档。

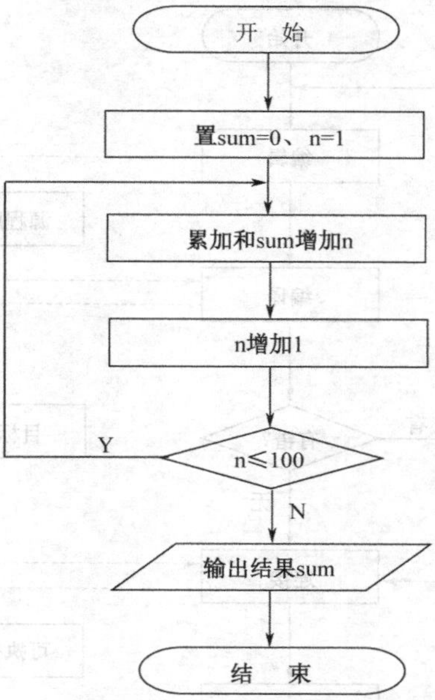

图 1.8 求 1 到 100 整数和的流程图

1.2.3 C 语言程序上机开发步骤

C 语言程序是高级语言，它要经过编译、链接成目标代码才能执行，其开发和使用 C 语言程序的基本过程如以下四个方面，如图 1.9 所示。

1. 编辑（Edit）

编辑是指 C 语言源程序（source program）在文本编辑程序或直接在 C 语言编译系统下，通过键盘输入和修改源程序，并把源程序保存到磁盘文件中的过程。文件的扩展名一般为“.c”。

（1）在磁盘上建立文件夹（例：D:\test），用来存放 C 语言程序。

（2）运行 VC++程序，执行开始→程序→Microsoft Visual C++ 6.0。

（3）新建 C 语言源程序文件

① 执行“文件→新建”命令，打开“新建”对话框；

② 在“新建”对话框中，选择“文件”选项卡，选择“C++ Source File”项；

③ 确定文件保存位置（D:\test），输入文件名（Project1.c），如图 1.10 所示。

（4）输入 C 源程序文件。

在打开的程序编辑窗口中，输入 C 语言源程序，如图 1.11 所示。

2. 编译（Compile）

编译是指将编辑后的源程序文件由 C 语言编译系统翻译成二进制目标代码的过程。编译时，首先检查源程序中的语法错误，编译系统会给出相应的错误提示，包括错误的类型和源程序中出现语法错误的位置。此时，程序员要根据提示对源程序进行修改，然后再进行编译。如此反复进行“编辑-编译”，直到排除源程序的所有语法错误为止，才将源程序翻译成目标程序（object program），文件扩展名为“.obj”。

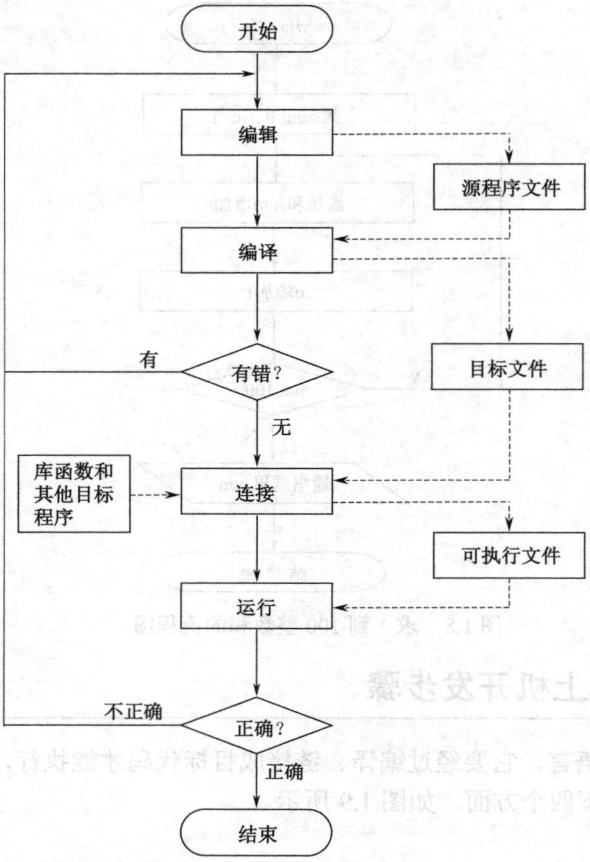

图 1.9　C 语言程序的开发过程

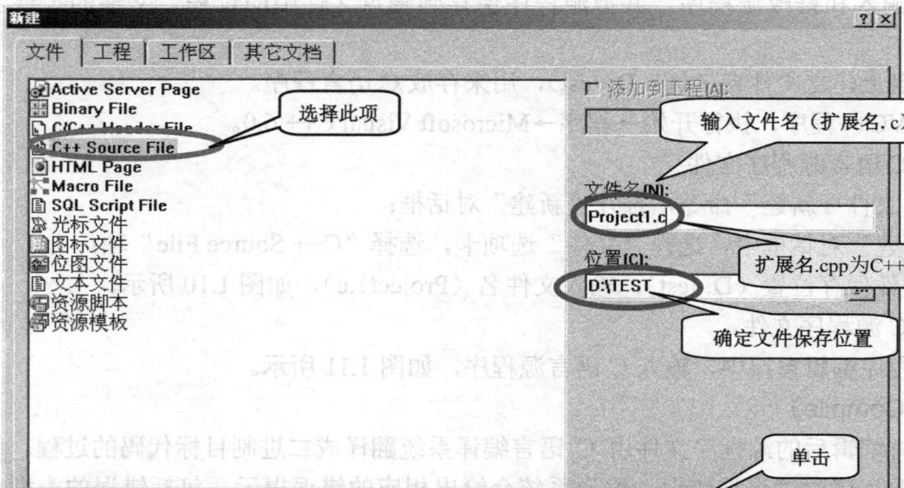

图 1.10　“新建”对话框

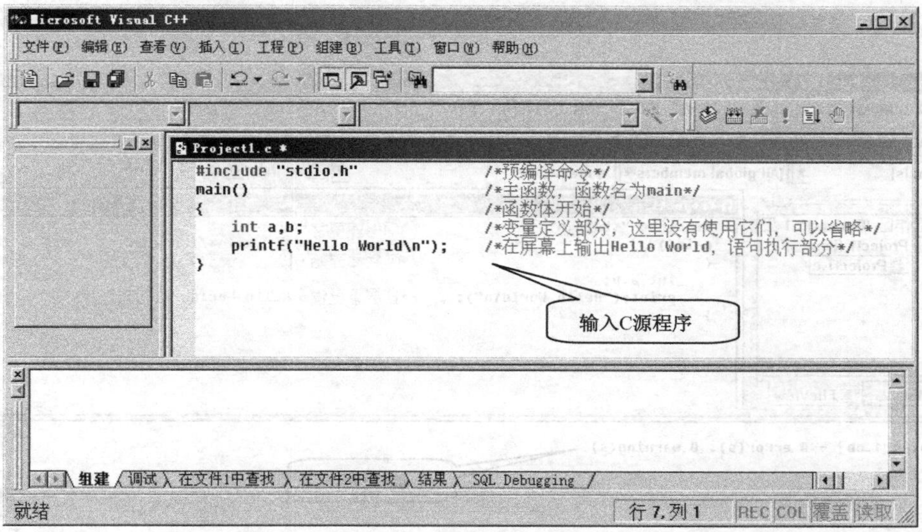

图 1.11　代码编辑窗口

执行“组建→编译”命令，按快捷键 Ctrl+F7，编译成功，则生成.obj 目标程序（Project.obj，文件主名与源程序文件主名相同），如图 1.12 所示。

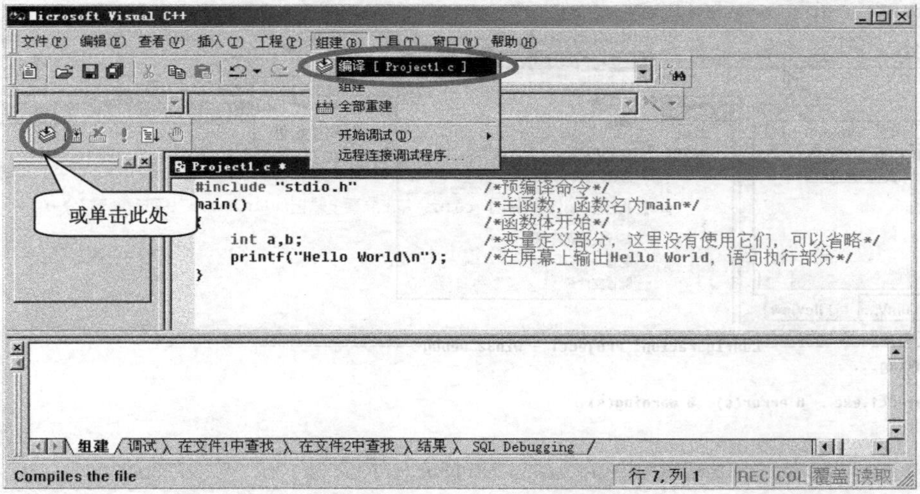

图 1.12　文件编译

编译结果显示在下面的信息显示窗口中，如图 1.13 所示。

3. 连接（Link/ Build）

连接是指将编译生成的目标程序和库函数或其他目标程序相互连接成为一个可执行文件（executable program）的过程。连接后生成的可执行文件的扩展名自动定为“.exe”。

执行“组建→组建”命令，按快捷键 F7。生成 .exe 可执行文件（Project1.exe，文件主名与源文件主名相同），如图 1.14 所示。

图 1.13　编译结果

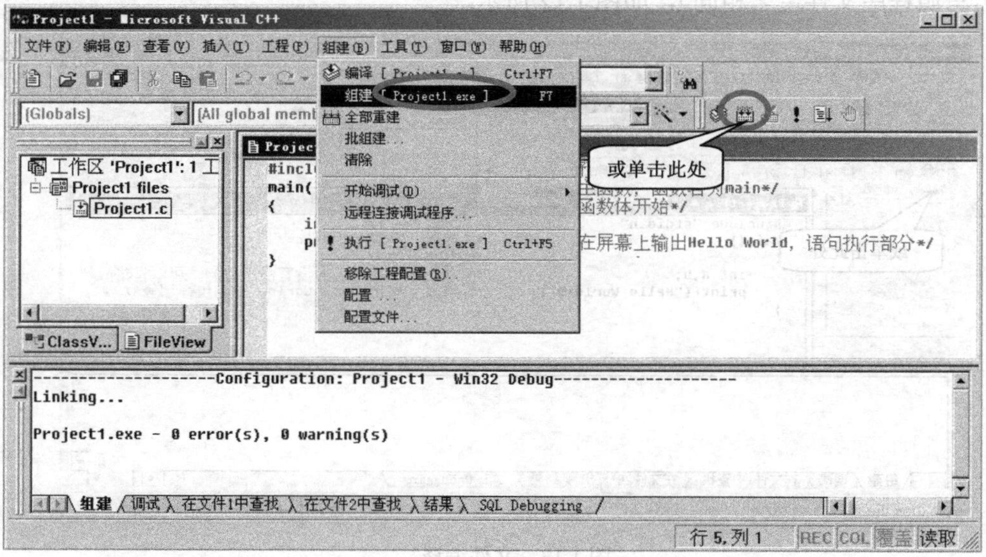

图 1.14　生成可执行文件

4. 运行（Run/Go）

连接生成的可执行文件可以脱离编程环境直接运行。如果发现错误，则返回编辑环境修改源程序，再编译、连接、运行。如此反复，直到程序运行结果正确，一个程序才算开发完成。

执行“组建→执行”命令，按快捷键 Ctrl+F5。运行 Project1.exe 程序，如图 1.15 所示。

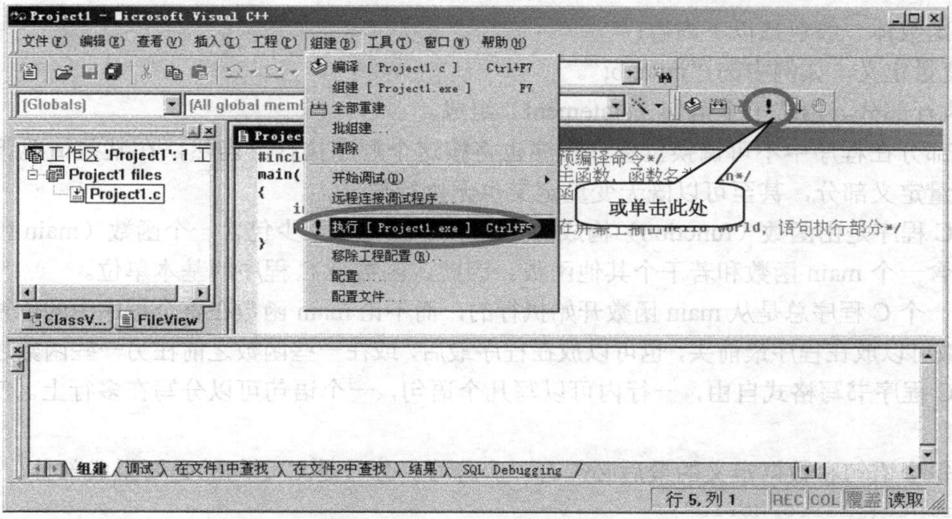

图 1.15　执行文件

任务 1.3　第一个 C 程序

【例 1.1】在屏幕上输出一行文本信息“Hello World”。

【程序代码】

```
#include "stdio.h"                  /*预编译命令*/
void main()                         /*主函数，函数名为 main*/
{                                   /*函数体开始*/
    int a, b;                       /*变量定义部分，这里没有使用它们，可以省略*/
    printf("Hello World\n");        /*在屏幕上输出 Hello World，语句执行部分*/
}                                   /*函数体结束*/
```

1.3.1　C 语言程序的结构

用 C 语言编写的源程序，简称 C 程序。C 程序是一种函数结构，一般由一个或若干个函数组成，其中有且仅有一个名为 main()的主函数，程序的执行就是从这里开始的。

（1）预编译命令“#include”将“stdio.h”文件包括到用户源文件中。即

```
#include "stdio.h"
```

stdio.h 包含了与标准 I/O 库有关的变量定义和宏定义。在需要使用标准 I/O 库中的函数时，应在程序前使用上述预编译命令（preprocessor），但在用 printf 和 scanf 函数时，则可以不要（只有 printf 和 scanf 例外）。预编译命令要写在程序的最开头。

（2）main 表示“主函数”，每一个 C 程序都必须有一个 main 函数。函数体由大括弧{}括起来。void 表示该函数无返回值。

（3）函数体，即函数名下面的大括弧{……}内的部分。如果一个函数内有多个大括弧，则最外层的一对{}为函数体的范围。

（4）函数体一般包括以下内容：

① 变量定义。如例中的“int a, b;”。

② 执行部分。由若干个语句（statement）组成。

这两部分在程序中不可调换位置，程序也将按这个顺序执行。当然，在某些情况下也可以没有变量定义部分，甚至可以既无变量定义也无执行部分。

（5）C程序是由函数（function）构成的。一个C源程序至少包含一个函数（main函数），也可以包含一个main函数和若干个其他函数。因此，函数是C程序的基本单位。

（6）一个C程序总是从main函数开始执行的，而不论main函数在整个程序中的位置如何（main函数可以放在程序最前头，也可以放在程序最后，或在一些函数之前在另一些函数之后）。

（7）C程序书写格式自由，一行内可以写几个语句，一个语句可以分写在多行上。C程序没有行号。

（8）每个语句和数据定义的最后必须有一个分号。分号是C语句的必要组成部分。例如：

```
printf("Hello World");
```

语句最后的分号必不可少。

（9）C语言本身没有输入输出语句。输入和输出的操作是由库函数scanf和printf等函数来完成的。printf是C语言中的输出函数，双引号内的字符串原样输出。“\n”是换行符，即在输出“Hello World”后回车换行。

（10）位于“/*…*/”之间的内容是注释语句，用来帮助读者阅读程序，在程序编译运行时这些内容是不起作用的，注释语句可写在程序中的任何位置。

（11）C语言是区分大小写的。例如：s和S是两个不同的字符。习惯上，建议使用小写英文字母，以增加可读性。

1.3.2 程序设计规范

作为软件从业人员，编程高手区别于编程新手的重要标志之一就是能否规范地编写程序。程序编写要结构清晰，简单易懂，初学者往往以编出别人看不懂的程序为荣，这在软件行业是万万不行的。一个程序员编写的程序必须能够易于被同行看懂，这是对程序员的基本要求。若要想成为软件行业的专业人员，就要在编程规范的学习上花费更多的时间和精力。

按照规范编写程序可以帮助程序员写出高质量的程序。软件编程规范涉及程序的组织规则、运行效率和质量保证、错误和异常处理规范、有关函数定义和调用的原则等。

C语言编写规范的部分表述如下：

1. 基本要求

程序结构清晰，简单易懂，单个函数的程序行数不得超过100行；打算干什么，要简单，直截了当，代码精简，避免垃圾程序；尽量使用标准库函数和公共函数；不要随意定义全局变量，尽量使用局部变量；使用括号以避免二义性。

2. 可读性要求

可读性第一，效率第二；保持注释与代码完全一致；利用缩进来显示程序的逻辑结构，缩进量一致并以Tab键为单位；循环、分支层次不要超过五层；空行和空白字符也是一种特殊注释；注释的作用范围可以为定义、引用、条件分支以及一段代码。

【例 1.2】在 VC++中输入以下程序，运行并查看运行结果。

```
    #include "stdio.h"
    void main()
    {
        printf("How are you!");
        printf("I'm fine, thank you!and you?");
    }
```

多运行几遍，看看运行结果，将 printf("How are you!")改成 printf("How are you!\n")，再运行几遍，看看运行结果，比较一下有什么不同，想想为什么？

拓展练习

编写一个 C 程序，输出校园歌手大赛计分系统标题，学生可以自行设计。

参考运行结果如图 1.16 所示。

图 1.16　参考程序运行结果

实训 1　显示评分系统标题

一、实训目的

- 熟悉 C 语言程序的开发环境
- 熟悉 C 语言程序的开发过程
- 掌握 printf()函数的基本功能和使用方法

二、实训内容

1. 学习 C 程序的编辑、编译及运行的基本方法。

请将下列程序的运行结果写在相应的横线上：

程序 1：（一个简单的 C 程序）

```
    main()
    {
```

```
    printf("This is a c program! \n");
}
```

运行结果：____________________。

程序 2：（两个已知值的求和运算）

```
  main()
{ int a,b,sum;
    a=271;b=325;
    sum=a+b;
     printf("The sum is %d\n",sum);
}
```

运行结果：____________________。

注：如果其中 printf("sum is %d\n", sum)换成 printf("a=%d, b=%d, sum= %d\n", a, b, sum)则运行结果为________________________。

2. 设计程序显示计分系统标题，编辑调试程序，将运行结果输出到显示器。

【说明】

（1）编译程序时，如果源程序出现语法错误，编译系统会给出相应的错误提示，包括错误的类型和源程序中出现语法错误的位置。此时，程序员要根据提示对源程序进行修改，然后再进行编译。如此反复进行“编辑-编译”，直到排除源程序的所有语法错误为止。

（2）注意程序书写规范

① 使用 Tab 缩进

② { }对齐

③ 有足够的注释

④ 有合适的空行

习 题 1

一、选择题

（1）C 语言的函数体由（　　）括起来。

A. <>　　　　B. { }　　　　C. [ ]　　　　D. ()

（2）（　　）是 C 程序的基本构成单位。

A. 函数　　　　B. 函数和过程　　　　C. 超文本过程　　　　D. 子过程

（3）一个 C 程序可以包含任意多个不同名的函数，但有且仅有一个（　　），一个 C 程序总是从此开始执行。

A. 过程　　　　B. 主函数　　　　C. 函数　　　　D. include

（4）下列说法正确的是（　　）。

A. 在执行 C 程序时不是从 void main 函数开始的

B. C 程序书写格式严格限制，一行内必须写一个语句

C. C 程序书写格式自由，一个语句可以分写在多行

D. C 程序书写格式严格限制，一行内必须写一个语句，并要有行号

（5）在 C 语言中，每个语句和数据定义时用（　　）结束。

A. 句号　　B. 逗号　　C. 分号　　D. 括号

（6）一个 C 语言程序是由（　　）。

A. 一个主程序和若干个子程序组成

B. 函数组成，并且每一个 C 程序有且只有一个主函数

C. 若干过程组成

D. 若干子程序组成

（7）下列叙述中错误的是（　　）。

A. 计算机不能直接执行用 C 语言编写的源文件

B. C 程序经 C 编译程序编译后，生成后缀为.obj 的文件是一个二进制文件

C. 后缀为.obj 的文件，经连接程序生成后缀为.exe 的文件是一个二进制文件

D. 后缀为.obj 和.exe 的二进制文件都可以直接运行

（8）以下叙述中正确的是（　　）。

A. C 程序中的注释只能出现在程序的开始位置和语句的后面

B. C 程序书写格式严格，要求一行内只能写一个语句

C. C 程序书写格式自由，一个语句可以写在多行上

D. 用 C 语言编写的程序只能放在一个程序文件中

（9）C 语言源程序名的后缀是（　　）。

A. .exe　　B. .c　　C. .obj　　D. .cp

二、填空题

（1）计算机程序设计语言可以归纳为________、________、________三类。

（2）一个 C 程序至少包含一个________，即________。

（3）一个函数体一般包括________和________。

（4）主函数名后面的一对圆括号中间可以为空，但一对圆括号不能________。

（5）C 程序执行过程生成的三种文件的扩展分别为________、________、________。

三、编程题

（1）编写一个程序，用 printf()函数显示如下信息：Hello, everyone!。

（2）编写一个程序，输出以下信息：

```
         *******
        *******
       *******
      *******
```

任务二

计算一名选手的得分

任务描述

◆ 利用C语言设计完成如下功能的程序：输入三位评委对一名选手的评分，计算其总分和平均分

学习要点

◆ 各种主要数据类型以及相应的存储格式
◆ 各种运算符的含义和使用方法
◆ 各种表达式的结果和计算过程
◆ 类型转换及其转换规则

学习目标

◆ 学会输入函数scanf()和输出函数printf()的使用
◆ 熟悉C语言的基本语法单位
◆ 掌握基本数据类型常量的表示、变量的定义、变量的初始化
◆ 掌握各种运算符的功能、优先级和结合性
◆ 掌握各种表达式的正确书写及计算过程

专业词汇

operator 运算符　expression 表达式　assignment 赋值
arithmetic 算术　comma 逗号　relational 关系　logic 逻辑

【任务说明】针对一个选手，在屏幕上将输入各评委的打分，要求实现一个简单的计算功能，求出这名选手的总分及平均分。如图2.1所示。通过本任务，我们将熟悉输入和输出函数的使用，主要数据类型以及相应的存储格式；掌握各种运算符的功能、优先级和结合性，以及各种表达式的正确书写及计算过程。

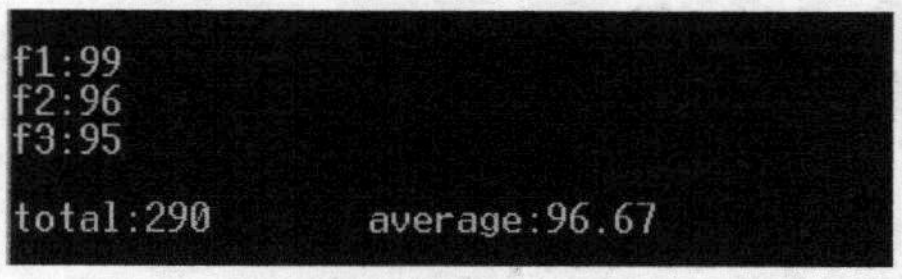

图 2.1　计算一名选手得分的程序运行结果

【问题引入】输入三名评委对一名选手的打分，要求输出这名选手所得的总分及平均分。

【问题分析】要完成选手的总分及平均分的计算，应完成三个过程：第一步是必须要学会如何输入得分；第二步必须对输入的得分进行总分及平均分的计算；第三步是对所得到的结果进行显示。其中第一步和第三步可合成一个子任务，即选手得分的输入和输出；第二步是第二个子任务，即选手总分及平均分的计算。

任务 2.1　选手得分的输入/输出

问题情景

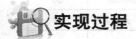

举办校园歌手大赛，给每一名选手输入三名评委的打分，并按要求进行输出。

实现过程

【例 2.1】（假设只有三名评委打分）

```
#include "stdio.h"          /* 文件预处理 */
void main()                 /* 函数名 */
{
  int f1,f2,f3;             /* 定义3个整型变量存储评委打分*/
  printf("\nf1:");          /* 提示输入打分 */
  scanf("%d",&f1);          /* 输入评分1 */
  printf("f2:");
  scanf("%d",&f2);
  printf("f3:");
  scanf("%d",&f3);
  printf("\nf1=%d\tf2=%d\tf3=%d\t\n",f1,f2,f3);       /* 输出计算结果 */
  getch();                  /*用于读取按键的值。一般放在程序末尾，起到暂停的作用*/
}
```

程序运行结果如图 2.2 所示：

图 2.2　例 2.1 的运行结果

上面的程序可分析出：

本任务中，要掌握的知识点是：

① 要了解 C 语言的结构和运行环境。

② 要掌握如何定义变量。

③ 要掌握如何对变量进行输入和输出。

相关知识

2.1.1 标识符

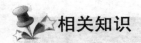

标识符是程序设计者为自定义的变量、函数、类型所起的名字，其命名规则如下：

（1）只能由字母、数字、下划线组成。

（2）第一个字符必须是字母或下划线。

（3）不能与关键字同名，尽量“见名知义”。

（4）区分大小写。如 my、My、MY 是 3 个不同的标识符。

【例 2.2】 请指出下面哪些是非法的标识符。

a　f-2　f6　m+n　x4b　4af　as_d　a.ss　total　main　month　int

由系统预先定义的标识符称为“关键字”（又称保留字），它们都有特殊的含义，不能用于其他目的。C 语言关键字有 32 个，如表 2.1 所示。

表 2.1　C 语言关键字

auto	break	case	char	const	continue	default	do
double	else	enum	extern	float	for	goto	if
int	long	register	short	signed	sizeof	static	return
struct	switch	typedef	union	unsigned	void	volatile	while

2.1.2 变量

变量是指在程序运行过程中其值可以改变的量。变量代表着存储器中指定的单元，该单元中的数据就是变量的值。变量名是一个标识符，程序通过变量名访问变量的值。如图 2.3 所示，x 是变量名，方框表示某个存储单元，单元中的数据 8 是变量 x 的值。

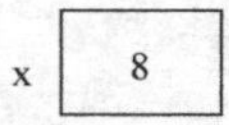

图 2.3　变量 x 的表示

变量所对应的存储单元的大小是由变量的类型决定的。

例如，在程序中有如下说明：

```
int a,b;
```

则该语句有两个作用：

（1）程序运行时，系统根据变量的类型为其分配合适的存储单元。如系统根据 a，b 的类型 int 为 a，b 各分配两个字节，并按照整数的格式存放数据。

（2）编译系统根据变量的类型进行语法检查，即检查对该变量的操作是否合法。如已说明 a,b 为整型变量，则 a%b（a 除以 b 取余数）是合法的。如说明“float a,b;”，则 a%b 是不允许的运算，编译时提示“非法使用浮点数”的错误信息（原因会在运算符中讲解）。

所以，“变量必须先定义，后使用”。若使用没有定义的变量名，编译时会提示“变量未曾定义”的错误信息。

变量初始化：

若在定义变量时就已知变量在程序开始运行时的值，则可以用变量初始化的方式给变量赋值。没有初始化的变量，其值一般是一个随机数。例如：

```
int a=33;                   /*定义a为整型变量，初值为33*/
float x=12.5;               /*定义x为实型变量，初值为12.5*/
char c='y';                 /*定义c为字符型变量，初值为'y'*/
int d1=7,d2=9;              /*定义d1、d2为整型变量，初值分别为7、9*/
char s1='2', s2='r';        /*多个变量初始化 */
char c1='a',c2;             /*定义变量c1、c2，并给变量c1赋初值*/
```

特别提示：若对几个变量赋同一个初值，也必须分别初始化。

例如：下面语句定义 3 个变量 i、j、k 赋初值 0，应写为

```
int i=0,j=0,k=0;
```

而不能写成

```
int i=j=k=0;
```

注意：初始化不是在编译阶段完成的（只有静态存储变量和外部存储变量的初始化是在编译阶段完成的），而是在程序运行时执行本函数时赋以初值的。相当于一个定义语句和一个赋值语句的叠加。

例如：

```
int a=3;
```

相当于

```
int a;             /*指定a为整型变量*/
 a=3;              /*赋值语句，将3赋给a */
```

又如：

```
int a,b,c=5;
```

相当于

```
int a,b,c;         /*指定a,b,c为整型变量*/
c=5;               /*赋值语句，将5赋给c */
```

2.1.3　常量

常量是程序运行期间其值不能被改变的量，即常数。常量也分几种类型。

1. 普通常量

（1）数值型常量.也称常数，分为整型常数、浮点常数、双精度型常数。

如：4、-2.5、.245、5.8E23

（2）字符常量　字符常量是指用单引号括起来的单个字符常量或转义字符。

如：'a'、'$'、'\n'

（3）字符串常量　字符串常量是用双引号括起来的 0 个或多个字符的序列。

如："a"、"Good morning!"

2. 符号常量

用符号代替常量，叫做符号常量，一般用大写字母表示，符号常量一经定义就可以代替常量使用。

如以下程序段：

```
#define  PI  3.14159
main()
{    int r=5, area;
   area=PI*r*r;
   printf("area=%d", area);
}
```

这是一种编译预处理命令，叫做“宏定义”。指定 PI 代替常量 3.14159，在以后的程序中，凡遇到 PI 即用 3.14159 代替，只是简单的符号替换。它不属于 C 语句，所以不必在末尾加上“;”。优点是含义清楚、改动方便。

宏定义一般格式为：

```
# define  符号常量  常量
```

注意：常量名常用大写、变量名常用小写。

2.1.4 数据类型

C 语言中所有变量必须指定数据类型，在学习数据类型时，应主要掌握每种类型的常量表示、变量的定义格式、所占存储空间的大小和取值范围等，从而学会根据要处理的数据确定变量的类型。

C 语言的基本数据类型包括整型、实型、字符型。没有小数部分的数就是整型类型，而加了小数点的数则是实型（也称为浮点型类型），单个字母或符号更广泛地说是字符类型。

1. 整型数据

整型的基本类型符为 int，在 int 之前可以根据需要分别加上修饰符 short（短整型）或 long（长整型），上述类型又分为有符号型（signed）和无符号型（unsigned），即数值是否可以取负值。各种整数类型占用的内存空间大小不同，所提供数值的范围也不同。如表 2.2 所示。

表 2.2　整型数据分类

数据类型	别　称	解　释	所占位数	表示数值的范围
int	无	基本类型	16	-32768～+32767
short int	short	短整型	16	-32768～+32767
long int	long	长整型	32	-2147483648～+2147483647
unsigned int	unsigned	无符号整型	16	0～65535
unsigned short	无	无符号短整型	16	0～65535
unsigned long	无	无符号长整型	32	0～4294967295

需要说明的是，数据存储时在内存中所占字节数与具体的机器和系统有关，与具体的编译器也有关系。编程时，可以用运算符 sizeof()求出所使用环境中各种数据类型所占的字节数。

（1）整型常量

整型描述我们日常使用的整数，整数在计算机中是准确表示的。

整型常量又称整常数，即 C 语言可以识别的十进制、八进制和十六进制三种进制的整数。

十进制整数：由正负号（+或-）后跟数字串组成，正号可以省略不写，且开头的数字不能为 0。例如：1234，-23，+187，32767，5600 等。

八进制整数：C 语言中，整数不仅可以用十进制表示，还可以用八进制或十六进制表示，并能自动进行相互的转换，不需用户干预。八进制整数的书写方式是以数字 0 打头，后跟 0～7 组成的数字串。例如，0123 表示八进制常数 123，相当于十进制数 83。如果是负数，则在打头的数字 0 前面冠以负号，如-057，-026 等。

十六进制整数：以数字 0 和小写字母 x（或大写字母 X）打头，后跟 0～9 及 A～F（或 a～f）组成的数字字母串。其中，A～F（或 a～f）分别表示十进制的 10～15。例如，0x2f 是一个十六进制数，相当于十进制的 47。如果在 0X 前冠以负号，则构成十六进制负数，如-0xB43F、-0X3a4f 等。

（2）整型变量（其内容阐述参见 2.1.2 变量）

例如，在程序中有如下说明：

```
int age=20, num=1;
long sum = 2345465;
```

【说明】

（1）最常用的整数类型是 int。默认情况下，整数字面值是 int 类型。

（2）当整数范围超过 int 型范围时，就要使用 long 型。如果要指定 long 型的整数字面值，必须在数值的后面加上大写 L 或小写 l。例如：10L、-100l。

2. 实型数据

（1）实型常量：实型常量在 C 语言中又称为浮点数。实数有两种表示形式：

① 十进制数形式。它由数字和小数点组成（注意必须有小数点）。如 0.123、.12、123.。

② 指数形式。它由尾数、e（或 E）和整数指数（阶码）组成，E（或 e）的左边为尾数，可以是整数或实数，右边是整数，指数必须为整数，表示尾数乘以 10 的多少次方。如 123e3 或 123E3 都代表 123×10^3。

（2）实型变量：实型变量分为单精度（float 型）和双精度（double 型）两类。在一般系统中，一个 float 型数据在内存中占 4 个字节，一个 double 型数据占 8 个字节。

例如，在程序中有如下说明：

```
float score = 45.6;
double dscore = 67.7;
```

【说明】

① 实型常量不分 float 和 double 型。一个实型常量可以赋给一个 float 或 double 型变量。

② 单精度实数提供 7 位有效数字，双精度实数提供 15～16 位有效数字，数值的范围随机器系统而异。例如：

```
float a = 112121.123;
```

由于 float 变量只能接收 7 位有效数字，因此最后两位小数不起作用。

【例 2.3】浮点数的有效位实例：

```
#include "stdio.h"
void main()
{
    float x;
```

```
    x = 0.1234567890;
    printf("%20.18f\n", x);
  }
```

运行结果为0.123456791043281560。

【说明】

① x被赋值了一个有效位数为10位的数字，但由于x为float类型，所以x只能接收7位有效数字。

② printf语句中，使用格式符号%20.18f，表示printf语句在输出x时总长度为20位，小数点位数占18位，输出的结果显示了20位数，但只有0.123456共7位有效数字被正确显示出来，后面的数字是一些无效的数字。这表明float型的数据只接收7位有效数字。

3. 字符数据

（1）字符常量

字符型常量包括普通字符常量和转义字符常量。

普通字符常量：代表ASCII码字符集里的某一个字符，在程序中用单引号括起来构成。如'a'、'A'、'p'等。注意'a'和'A'是两个不同的字符常量。

转义字符：又叫控制字符常量，指除了上述的字符常量外，C语言还有一些特殊的字符常量，例如转义字符"\n"，其中"\"是转义的意思。表2.3列出了C语言中常用的特殊字符。

表2.3　特殊字符常量及含义

转义字符序列	描　述
\b	退格
\f	换页
\n	换行
\r	回车
\t	横向制表
\v	纵向制表
\'	单引号
\"	双引号
\\	反斜杠
\ooo	八进制数
\xhh	十六进制数

【例2.4】试输出特殊符号常量。

```
#include "stdio.h"
void main()
{
    printf("  ab c\t de\rf\tg\n");
}
```

【说明】

① 第一个printf先在第一行左端开始输出“ab c”，然后遇到“\t”，它的作用是“跳格”，

即跳到下一个“输出位置”，输出“de”。下面遇到“\r”，它代表“回车”（不换行），返回到本行最左端（第一列），输出字符“f”，然后“\t”再使当前输出位置移到下一个“输出位置”，输出“g”。下面是“\n”，作用是“回车换行”。

② 显示屏显示的可能不同，这是因为在输出前面的字符后很快又输出后面的字符，在人们还没看清楚之前，新的已取代了旧的，所以误以为没有输出应该输出的字符。

（2）字符串常量

字符串常量是用双引号括起来的一串字符序列。例如："as"，"a"，""（空串）。

双引号是字符串的标记，每个字符串占用内存的字节数等于字符串长度加 1，多出的 1 个字节用于存放字符串的结束标志"\0"。

不要将字符常量和字符串常量混淆。'a'是字符常量，"a"是字符串常量，二者不同。假设 c 被指定为字符常量：

```
char c;
c = 'a';*/是正确的*/
c = "a";*/是错误的*/
c="CHINA"; 也是错误的。不能把字符串赋给一个字符常量*/
```

C 规定：在每一个字符串的结尾加一个“字符串结束标志”，以便系统据此判断字符串是否结束。C 语言以字符'\0'作为字符串结束标志。如果有一个字符串"CHINA"，实际上在内存中是

C	H	I	N	A	\0

它的长度不是 5 个字符，而是 6 个字符，最后一个字符为'\0'。但在输出时不输出'\0'。例如在 printf("How do you do.")中，输出时字符一个一个输出，直到遇到最后的'\0'字符，就知道字符串结束，停止输出。注意，在写字符串时不必加'\0'，它是系统自动加上的。

在 C 语言中没有专门处理字符串的变量，字符串如果存放在变量中，需要用字符数组来存放，即用一个字符型数组来存放一个字符串。

（3）字符变量

字符数据类型以 char 表示，字符型变量用来存放字符，注意只能存放一个字符。

字符变量的定义形式如下：

```
char c1, c2;
```

它表示 c1 和 c2 为字符型变量，可以存放一个字符，因此可以用下面语句对其赋值：

```
c1='a';     c2='b';
```

一般以一个字节来存放一个字符，或一个字符变量在内存中占一个字节。

【例 2.5】定义字符变量，并赋值字符和整型数据，然后将其输出。

```
#include "stdio.h"
void main()
{
    char c1 , c2 ;
    c1='a' ; c2='b' ;
    printf("%c  %c  %d  %d ", c1, c2, c1, c2) ;
    c1=97 ; c2=98;
```

```
    printf("%c  %c  %d  %d ", c1, c2, c1, c2) ;
  }
```

【说明】

① 字符常量存放到一个字符变量中，实际上并不是把该字符本身存放到内存单元中去，而是将该字符的相应 ASCII 码值存放到存储单元中。如字符'a'的 ASCII 码值为 97，'b'为 98。

② 字符的存储形式与整型的相类似，使字符数据和整型数据之间可以通用。

③ 字符数据可以以字符形式输出，也可以以整数形式输出。以字符形式输出时，先将存储单元中的 ASCII 码转换成相应字符，然后输出。以整数形式输出时，直接将 ASCII 码值作为整数输出。

④ 可以对字符数据进行算术运算，此时相对于对它们的 ASCII 码进行算术运算。

【例 2.6】实现将小写字母转换成大写字母并求出下一个字母。

```
main()
{char c1,c2;                    /*定义字符变量c1,c2*/
 c1='a';                        /*将字符'a'赋值给变量c1*/
 c1=c1-32;                      /*小写字母的ASCII码比大写字母的ASCII码大32*/
 c2=c1+1;                       /*相邻字符的ASCII码差1*/
 printf("\n%c  %c",c1,c2);
 printf("\n%d  %d",c1,c2);
}
```

【说明】

字符型数据与整型数据在 ASCII 码范围（0～255）内是通用的。

2.1.5　格式输出函数——printf()

printf()函数的作用是向终端输出若干个任意类型的数据（putchar()只能输出字符，而且只能输出一个字符，而 printf()可以输出多个字符，且为任意字符）。printf()的一般格式为：

```
printf(格式控制，输出列表);
```

其中，“格式控制”是用双引号括起来的字符串，也称“转换控制字符串”，它包含信息格式字符（如%d，%f 等，如表 2.4 所示）和普通字符（需要原样输出的字符）。“输出列表”是一些与“格式字符”中的格式字符一一对应的需要输出的数据，可以是变量或表达式。

表 2.4　输出数据的格式字符表

格式字符	描　述
%d	按整型数据的实际长度输出
%md	m 为指定的输出字段的宽度(右对齐)，%-md 为左对齐
%ld	输出长整型数据
%o	以八进制形式输出整数
%x	以十六进制数形式输出整数
%u	输出 unsigned 型数据，即无符号数，以十进制形式输出
%c	输出一个字符
%s	输出一个字符串

续表

格式字符	描　述
%f	输出实数（包括单双精度），以小数形式输出（默认六位小数）
%m.nf	指定数据占 m 列，其中有 n 位小数。如果数值长度小于 m，左端补空格（右对齐）
%-m.nf	指定数据占 m 列，其中有 n 位小数。如果数值长度小于 m，右端补空格（左对齐）
%e	以指数形式输出实数
%g	输出实数，它根据数值的大小，自动选 f 格式或 e 格式（选择输出是占宽度较小的一种），且不输出无意义的零

【例 2.7】输出学生的姓名、年龄、学号、成绩、性别等信息。

```
#include "stdio.h"
void main()
{
    int age=19, num=23;
    float score=87.5;
    char sex='m';                      /*f:女，m:男*/
    printf("Name is Rose\n");
    printf("ID is %d", num);
    printf("Age:%d\tSex:%c\tscore:%f\n", age, sex, score);
}
```

【说明】

① 不输出变量或表达式的值，直接输出一个字符串。例如 printf("Name is Rose\n")，其中\n 是转义字符，表示回车换行。

② 格式化输出。语句 printf("ID is %d", num)输出 “ID is 23”。语句中"ID is %d"是格式控制部分，num 是输出列表。格式控制"ID is %d"中的%d 以十进制整数形式输出变量 num 中的值。

③ 将多个输出项放在一条输出语句中格式输出。语句 printf("Age:%d\tSex: %c\tscore:%f\n", age, sex, score)将年龄、性别和成绩一起输出。"Age:%d\tSex: %c\tscore:%f\n"是格式控制部分，age、sex、score 是输出列表。其中%d、%c 和%f 是格式控制符，它们指明输出列表中变量 age 以十进制整数形式输出，变量 sex 以字符形式输出，变量 score 以浮点数形式输出，\t 是转义字符，表示将光标移到下一个位置的水平制表符，\n 表示回车换行，其余的字符按原样输出。

④ “格式控制”部分中的格式控制符与输出列表中变量或表达式要一一对应。

2.1.6 格式输入函数——scanf()

scanf()函数的作用是从键盘上输入若干个任意类型的数据（getchar()只能输入字符，而且只能输入一个字符，而 scanf()可以输出多个字符或其他类型的任意数据）。scanf()的一般格式为：

```
scanf(格式控制，输出列表);
```

其中，“格式控制”的含义同 printf 函数，格式字符含义如表 2.5 所示。“地址列表”是由若干个地址组成的列表，可以是变量的地址。

表 2.5　输入数据的格式字符表

格 式 字 符	描　述
%d	输入十进制整数
%o	输入八进制整数
%x	输入十六进制整数
%u	输入无符号十进制整数
%c	输入一个字符
%s	输入一个字符串
%f	以小数形式输入实型数
%e	以指数形式输入实型数

【例 2.8】输入学生的年龄、学号、成绩、性别等信息。

```
#include "stdio.h"
void main()
{
    int age, num;
    float score;
    char sex;                    /*f:女，m:男*/
    printf("input the information\n");
    scanf("%d%d%f%c", &age, &num, &score, &sex);
    printf("Age:%d\tID:%d\tSex:%c\tscore:%f\n", age, num, sex, score);
}
```

【说明】

① scanf("%d%d%f%c", &age, &num, &score, &sex)语句表示用户从键盘输入两个整数，一个浮点型数据，一个字符。其中"%d%d%f%c"是格式控制部分，&age, &num, &score, &sex 是地址列表部分，表示从键盘接收的两个整数第一个给变量 age，第二个给变量 num，接收的第三个浮点型数据给变量 score，接收的第四个字符数据给变量 sex。

② "%d%d%f%c"为格式字符，以%开始，以一个格式字符结束。

③ 变量前面加"&"符号，表示取变量的地址。例如&age 表示取变量 age 的地址。

④ 运行时输入数据，数据之间可以用空格或回车键分隔。

⑤ 如果在“格式控制”字符串中除了格式说明外还有其他字符，则在输入数据时应输入与这些字符相同的字符。

例如：scanf("%d, %d", &a, &b);　则输入时应用形式：3, 4（中间必须是逗号）

如果是：scanf("%d%d", &a, &b);　则输入时应用形式：3　4（中间用空格、回车符或 Tab 键）

⑥ scanf 函数中没有精度控制，如：scanf("%5.2f",&a); 是非法的。不能企图用此语句输入小数为 2 位的实数。

2.1.7　字符输出函数——putchar()

putchar 函数的作用是向终端输出一个字符，例如：

```
putchar(c);
```

输出字符变量 c 的值。c 可以是字符型变量或整型变量。在使用标准 I/O 库函数时，要用预编译命令"#include"将“stdio.h”文件包含到用户源文件中。即

```
#include "stdio.h"
```

stdio.h 是 standard input & output 的缩写，它包含了与标准 I/O 库有关的变量定义和宏定义。在需要使用标准 I/O 库中的函数时，应在程序前使用上述预编译命令，但在使用 printf 和 scanf 函数时，则可以不要（只有 printf 和 scanf 例外）。

【例 2.9】观察下面程序输出的结果。

```
#include "stdio.h"
void main()
{
    char a, b, c, d;
    a='B';
    b='O';
    c='Y';
    d='a';
    putchar(a);
    putchar(b);
    putchar(c);
    putchar(d);                /*输出小写字母a*/
    d=d-32;
    putchar(d);                /*输出大写字母A*/
}
```

【说明】

① 程序运行结果：BOYaA。

② 可以输出控制字符，如 putchar('\n')输出一个换行符，也可以输出其他转义字符。

③ d=d-32 将 d 中的字符的 ASCII 码值取出减去 32 后再存放到 d 中。这是因为，大写字母和其相应的小写字母的 ASCII 码值相差 32，比如大写字母'A'的 ASCII 码值是 65，则小写字母'a'的 ASCII 的码值是 97。

2.1.8　字符输入函数——getchar()

getchar 函数的作用是从终端输入一个字符。getchar 函数没有参数，其一般格式为：

```
ch=getchar();
```

ch 为一个字符型或整型变量，ch 的值就是从输入设备得到的字符。

【例 2.10】从键盘上输入一个字符，然后将其输出。

```
#include "stdio.h"
void main()
{
    char c;
    c=getchar();
```

```
        putchar(c);
    }
```

【说明】

① getchar()只能接收一个字符。

② getchar 函数得到的字符可以赋给一个字符变量或整型变量，也可以不赋给任何变量，作为表达式的一部分。例如上面代码中的第 5、6 行可以用下面一行代替：

```
    putchar(getchar());
```

任务 2.2 选手总分和平均分的计算

问题情景

举办校园歌手大赛，三名评委分别对每一名选手打分，计算选手所获得的总分和平均分。

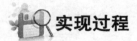

实现过程

【例 2.11】（更新例 2.1）

```
#include "stdio.h"
void main()                  /* 函数名 */
{
    int f1,f2,f3,sum;        /* 定义3个整型变量存储评委打分，1个存储总分*/
    float ave;               /* 定义一个单精度浮点型变量存储平均分 */
    printf("\nf1:");         /* 提示输入打分 */
    scanf("%d",&f1);         /* 输入评分1 */
    printf("f2:");
    scanf("%d",&f2);
    printf("f3:");
    scanf("%d",&f3);
    sum=f1+f2+f3;            /* 计算总分 */
    ave=sum/3.0;             /* 计算平均分 */
    printf("\ntotal:%d\taverage:%.2f\n",sum,ave);      /* 输出计算结果 */
    getch();                 /*用于读取按键的值。一般放在程序末尾，起到暂停的作用*/
}
```

程序运行结果如图 2.1 所示。

上面的程序可分析出：比例 2.1 多定义了两个实型变量 sum 和 avg，因为要将 3 个学生和总分放在 sum 中，而 3 个学生的平均分放在 avg 中，同时出现了 sum=f1+f2+f3;和 ave=sum/3.0;语句，即出现了运算符和表达式。所以在本任务中，要掌握的知识点是：

① 算术运算符和算术表达式。

② 赋值运算符和赋值表达式。

③ C 语言其他的运算符和表达式以及优先级和结合性。

④ 复杂表达式中数据类型转换及转换规则。

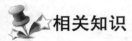

相关知识

2.2.1　算术运算符和算术表达式

1. 基本算术运算符

基本算术运算符有：+（加）、-（减）、×（乘）、/（除）、%（求余）共 5 种。

各运算符的功能：前 3 种运算符我们已很熟悉，这里对另外两个需要特别提出：

（1）关于求除运算符：　/

当两个整数相除时，结果为整数，小数部分舍去。如：5/2=2。

当两个实型数相除时，结果为实型，如：5.0/2.0=2.5。

如果商为负数，则取整的方向随系统而异。但大多数的系统采取“向零取整”原则，换句话说，取其整数部分。如：−5/3=−1。

（2）关于求余运算符：　%

要求两个操作数必须都是整型数，否则出错。如：5%3=2；（−5）%3=−2；5%（−3）=2；（−5）%（−3）=−2；3%5=3 等等。但是 5.2%3 是语法错。

2. 表达式及算术表达式

（1）表达式

用运算符和括号将运算对象（变量、常量和函数）连接起来的符合 C 语言语法规则的式子。

单个变量、常量可以看作是表达式的一种特例。将单个变量、常量构成的表达式称作简单表达式，其他表达式称作复杂表达式。

（2）算术表达式

用算术运算符和括号将操作对象（即操作数）连接起来的式子，称为算术表达式。

例如：

a+b/c−2、sin(x)+1.5、x*y+z、1/2 都是合法的算术表达式。

特别提示：书写算术表达式时，一定要注意各种运算符的优先级和结合性，适当使用括号来保证原表达式的运算顺序。而且表达式中的各种符号均书写在同一行中，不能写在上角或下角，如 x2 或 x2 都是错误的 C 表达式。

例如，以下数学式子可以用“=>”号右边的 C 表达式表示。

$$\frac{a+b}{a-b} \quad \Rightarrow \quad (a+b)/(a-b)$$

$$\frac{a+b}{xy} \quad \Rightarrow \quad (a+b)/(x*y)$$

$$3a+5\sin 2x \quad \Rightarrow \quad 3*a+5*sin(2*x)$$

3. 自增、自减运算符

自增（++）、自减（--）运算符是 C 语言最具有特色的两个单目运算符，操作对象只有一个，且必须是整型变量，其功能分别是使变量的值增 1、减 1。例如：

i++（先使用 i，然后使 i 的值增 1）

++i（先使 i 的值增 1，然后使用 i）

k--（先使用 k，然后使 k 的值减 1）

--k（先使 k 的值减 1，然后使用 k）

可见，自增、自减运算符既可以放在变量的左边（称为前缀用法），又可以放在变量的右边（称为后缀用法），但两者效果不同，使用时要特别小心。

【说明】

① ++i 和 i++异同点：

++i 和 i++的相同之处是单独使用加分号作为一个独立的句子时：即++i；和 i++；因为++i 和 i++的作用相当于 i=i+1。

但++i 和 i++不同之处在于++i 是先执行 i=i+1，再使用 i 的值；而 i++是先使用 i 的值，再执行 i=i+1，所以参与其他式子运算时，前后缀用法的使用效果就不同了。

② 自增运算符（++），自减运算符（--），只能用于变量，而不能用于常量或表达式，如 5++或(a+b)++都是不合法的。因为 5 是常量，常量的值不能改变。(a+b)++也不可实现，若 a+b 的值为 3，那么自增后得到的 4 无变量可存放。

【例 2.12】自增、自减运算符的使用

```
#include "stdio.h"
main()
{  int i=2,j=2,k=2,h=2,m,n,x,y;
   m=i++;  n=++j;  x=k--;  y=--h;
   printf("\ni=%d,m=%d,j=%d,n=%d",i,m,j,n);
   printf("\nk=%d,x=%d,h=%d,y=%d",k,x,h,y);getch();
}
```

运行结果如下：

```
i=3,m=2,j=3,n=3
k=1,x=2,h=1,y=1
```

【说明】

通过结果，可以看出自增、自减运算符的功能和前缀、后缀用法的不同。如“m= i++;”等价于“m=i; i++;”，即先取出变量 i 的值“2”，赋给变量 m，然后 i 的值增 1。其他的类似。

【例 2.13】思考如下程序段的输出结果是什么？

```
      #include "stdio.h"
main()
      {  int a=100;
         printf("%d\t",a);
         printf("%d\n",++a);
```

```
            printf("%d\t",a++);
            printf("%d\n",a);
        }
```

【说明】

① 此程序注意四个 printf()语句之间的连贯性。

② 可以自行修改四个 printf()语句中的输出对象，然后再思考运行结果，从而充分理解++、--运算符的应用技巧。

4. 算术运算符的优先级和结合性

在计算表达式时，先按运算符的优先级由高到低运算，优先级相同时按运算符的结合性运算。结合性就是指级别相同的运算符的执行顺序。如表达式

```
2+6*3-8/2*7%3
```

含有多种运算符，如何计算呢？

先来看一下算术运算符的优先级（由高到低排列：①②③，同一组中级别相同）：

① ++、--、-（负号）

② *、/、%

③ +、-

结合性：双目运算符的结合方向为“自左向右”，单目运算符的结合方向为“自右向左”，如“-i++”等价于“-(i++)”。建议读者尽量不要连续使用++、--、-（负号）等单目运算符，以免出现歧义，必要时加括号以示直观。

按以上规则，计算上述表达式：①计算 6*3，结果 18。②计算 8/2，结果 4。③计算 4*7，结果 28。④计算 28%3，结果 1。⑤计算 2+18，结果 20。⑥计算 20-1，结果 19。

在 C 语言中，运算符的优先级有 15 级，1 级最高，15 级最低。在表达式中，优先级别较高的运算符先于优先级别较低的运算符。而在同一个运算量两侧的运算符优先级相同时，则按照结合性所规定的结合方向处理。C 语言中的各运算符的优先级和结合性，参见附录。

5. 数据类型转换

表达式运算中数据类型的转换有两种：一种是在运算时不必用户指定，系统自动进行类型转换，即隐式转换；另一种是强制类型转换，当自动类型转换不能实现目的时，可以用强制类型转换，即显式转换。

（1）隐式转换

C 语言允许整型、实型和字符型的数据之间进行混合运算，即在一个表达式中可以同时出现不同类型的数据。如表达式

```
4*`b`+2.5-123456.789/2
```

是合法的。运算时，按运算符的优先级顺序和结合性逐步计算，每一步计算之前，若参加运算的两个数类型不同，则先自动进行类型转换，然后再计算结果。

转换的原则是低类型数据转换成高类型数据，结果的类型与转换后的类型相同。各种数据类型的级别如图 2.4 所示。

【说明】

① 转换按数据长度增加的方向进行，以保证不降低精度。如 int 型和 long 型运算时，先把 int 型转换成 long 型后再计算。

② 所有的浮点运算都是以双精度进行的，即使仅含有 float(单精度)型运算的表达式，也要先转换成 double 型，再作运算。

③ char 型和 short 型参与运算时，将其先转换成 int 型。

④ 所需的转换均为系统自动进行类型转换，无需人为干预。

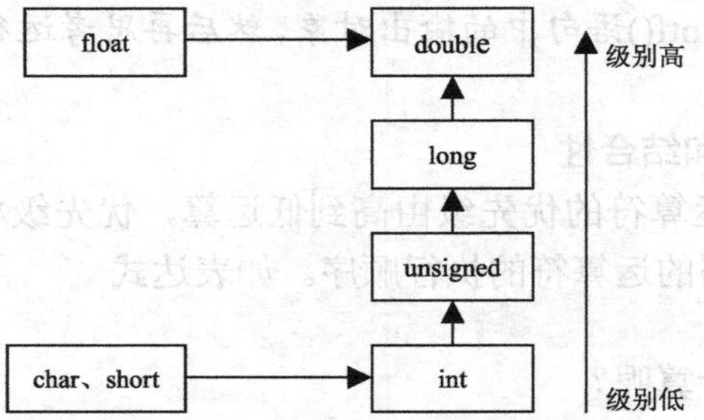

图 2.4 不同数据类型的自动转换规则

（2）强制类型转换

利用强制类型转换可以将一个表达式的值强制转换成指定的类型。这种转换是通过使用强制类型转换运算符实现的，因此又称为显式转换。

其一般形式为：

```
（类型名）（表达式）
```

其中，类型名是指定转换后的类型，必须用括号括起来。表达式是要转换的对象，一般也用括号括起来，只有当表达式是一个变量或常量时才可以省略括号。例如：

```
(int)(a+b)    表示将a+b的值转换成整型（但a+b本身的类型不变）
(double)8     表示想得到整型常量8转换成double型值（但8本身还是整型常量）
(float)x      表示读取x的值并将其转换成float型（但x本身的类型不变）
```

【例 2.14】含有强制类型转换的表达式的计算。

```
    #include "stdio.h"
main()
{   int a=2,b=3;
        float x=3.5,y=2.5,z;
        z=(float)(a+b)/2+(int)x%(int)y;
        printf("\n%f",z);
        getch();
}
运行结果为：3.500000
```

【说明】

程序中表达式的执行过程：先将表达式 a+b 的值 5 强制转换成 double 型数 5.0；再计算表达式 5.0/2，结果为 double 型数 2.5；然后将 x、y 的值分别强制转换成 int 型数据 3、2；计算 3/2，结果为整型数 1；最后计算 2.5+1，结果为 double 型数 3.5。

强制类型转换符是单目运算符，它的优先级高于一般的算术运算符。

2.2.2 赋值运算符和赋值表达式

1. 赋值运算符

赋值符号“=”就是赋值运算符，它的作用是将一个数据赋给一个变量。其格式是：

<变量名>=<表达式>;

它的作用就是将右边表达式的值赋给左边的变量。如“a=3”的作用是执行一次赋值操作。把常量 3 赋值给变量 a，也可以将一个表达式的值赋给一个变量。

2. 复合赋值运算符

在赋值符“=”之前加上其他运算符，可以构成复合的运算符。复合算术运算符的格式是：

<变量名> <基本算术运算符>=<表达式>;

它等价于：

<变量名>=<变量名> <基本算术运算符> <（表达式）>

C 语言采用这种复合运算符，一是为了简化程序，使程序精炼；二是为了提高编译效率，产生质量较高的目标代码。常见的符号运算符见表 2.6。

表 2.6 复合运算符

运算符	例子	等价于	运算符	例子	等价于
+=	x+=5	x=x+5	/=	x/=5	x=x/5
-=	x-=5	x=x-5	%=	x%=y+5*z	x=x%(y+5*z)
*=	x*=y+3	x=x*(y+3)			

【例 2.15】运行下面的程序，观察并分析用法。

```
#include "stdio.h"
void main()
{
    int a, b, c, x, y ;
    a=2;
    c=3;
    b=2*a+6;
    c*=a+b;
    x=a*a + b + c;
    y=2*a*a*a+3*b*b*b+4*c*c*c;
    printf("%d %d %d %d %d", a, b, c, x, y);
}
```

【说明】

① 此处的表达式 y=2*a*a*a+3*b*b*b+4*c*c*c 不可以写成 y=2aaa+3bbb+4ccc。

② 可以用赋值表达式同时对多个变量赋同样的值，如 a=b=c= 3，表示同时将 3 赋给变量 a、b 和 c，相当于 a=3，b=3，c=3。

③ 赋值运算符的结合方向是“自右向左”，即从右向左计算。如 a=b=c=3*2，先计算 c=3*2，再计算 b=c，最后计算 a=b。

2.2.3 关系运算符和关系表达式

关系运算是对两个操作数之间进行比较的运算符，其结果只有两种可能“真”或“假”，C 语言提供了 6 种关系运算符，如表 2.7 所示。

表 2.7 关系运算符

运 算 符	名 称	实 例	说 明	运 算 符	名 称	实 例	说 明
>	大于	a>b	a 大于 b	<=	小于等于	a<=b	a 小于 b
>=	大于等于	a>=b	a 大于等于 b	==	等于	a==b	a 等于 b
<	小于	a<b	a 小于 b	!=	不等于	a!=b	a 不等于 b

【例 2.16】运行下面的程序，观察并分析用法。

```
#include "stdio.h"
void main()
{
    int a=6, b=3, c=9, d=6;
    int e=c<d;
    printf("a>b的值为: %d\n", a>b);
    printf("a<b的值为: %d\n", a<b);
    printf("a>=b的值为: %d\n", a>=b);
    printf("a<=d的值为: %d\n", a<=d);
    printf("a>b+c的值为: %d\n", a>b+c);
    printf("a==d的值为: %d\n", a==d);
    printf("a!=d的值为: %d\n", a!=d);
    printf("e的值为: %d\n", e);
}
```

【说明】

① 程序中比较结果为真时，其值为 1，比较结果为假时，其值为 0。C 语言中以 1 表示真，0 表示假。

② 关系运算符的优先级低于算术运算符。例如在 a>b+c 中，先计算 b+c 的值，再进行关系运算。

③ 关系运算符的优先级高于赋值运算符。例如在 e=c>d 中，先计算 c>d，再把得到的值赋给 e。

④ 注意：不要把关系运算符“==”误用为赋值运算符“=”。

2.2.4 逻辑运算符和逻辑表达式

逻辑运算可以表示运算对象的逻辑关系，C 语言提供三种逻辑运算符，表 2.8 给出了 C 语言中逻辑运算符的种类、功能及运算规则。

表 2.8 逻辑运算符

运 算 符	名 称	实 例	说 明
!	逻辑非	!a	单目运算符，只要求有一个运算量（操作数）。若 a 为真，则!a 为假；若 a 为假，则!a 为真
&&	逻辑与	a&&b	双目运算符，要求有两个运算量。若 a、b 都为真，则 a&&b 为真；若 a、b 中有一个为假，则 a&&b 为假
||	逻辑或	a||b	双目运算符，要求有两个运算量。若 a、b 中有一个为真，则 a||b 为真；只有当 a、b 都为假时，则 a||b 为假

用逻辑运算符将关系表达式或逻辑量连接起来就是逻辑表达式。逻辑表达式的值应该是一个逻辑量“真”或“假”。C 语言编译系统在给出逻辑运算结果时，以数值 1 代表“真”，以 0 代表“假”，但在判断一个量是否为“真”时，以 0 代表“假”，以非 0 代表“真”。即将一个非零的数值认作为“真”。

【例 2.17】运行下面的程序，观察并分析用法。

```
#include "stdio.h"
void main()
{
    int a=4, b=5;
    printf("a>3&&b<6的值为: %d\n", a>3&&b<6);
    printf("a>3&&b<4的值为: %d\n", a>3&&b<4);
    printf("a>3||b<4的值为: %d\n", a>3||b<4);
    printf("a<3||b<4的值为: %d\n", a<3||b<4);
    printf("!a的值为: %d\n", !a);
    printf("a&&b的值为: %d\n", a&&b);
    printf("a||b的值为: %d\n", a||b);
    printf("b||1+1&&!a的值为: %d\n", b||1+1&&!a);
    printf("'c'&&'d'的值为: %d\n", 'c'&&'d');
}
```

【说明】

① 由系统给出的逻辑运算结果不是 0 就是 1，不可能是其他数值。

② 逻辑运算符两侧的运算对象不但可以是 0 或 1，或者是 0 或非 0 的整数，也可以是任何类型的数据，可以是字符型、实型或指针型等。系统最终以 0 和非 0 来判断它们属于“真”或“假”。

③ 要正确书写关系表达式。如果表示“a 大于 20 且小于等于 50”，在数学中可写为式子：$20<a\leqslant 50$，而在 C 语言中，则应该写成如下表达式：

```
a>20 &&a<=50
```

④ 算术运算符、关系运算符、逻辑运算符、赋值运算符在一起进行混合运算时，各类运算符的优先级如下（自左至右，从高到低）：

!（非）→ 算术运算符 → 关系运算符 → &&（与）→ ||（或）→ 赋值运算符

【例 2.18】运行下面的程序，观察结果并分析用法。

```
#include "stdio.h"
void main()
{
    int a=4, b=5;
    printf("a<3&&b==4的值为: %d", a<3&&b==4);
    printf("b的值为: %d\n", b);
    printf("a>3||b==7的值为: %d", a>3||b==7);
    printf("b的值为: %d\n", b);
}
```

【说明】

① 在逻辑表达式的求解中，并不是所有的逻辑运算符都被执行，只是在必须执行下一个逻辑运算符才能求出表达式的解时，才执行该运算符。

例如 a<3&&b==4 中，因为 a<3 为 0，则&&后面的表达式不管是 1 还是 0，整个表达式的值都为 0。所以后面的表达式 b==4 不执行，后面输出的 b 的值还是 5。

② 例如 a>3||b==7 中，因为 a>3 为 1，则||后面的表达式不管是 1 还是 0，整个表达式的值都为 1。所有后面的表达式 b==7 不执行，后面输出的 b 的值还是 5。

2.2.5 逗号运算符和逗号表达式

由逗号运算符和操作数组成的符合语法规则的序列称为逗号表达式，其作用是将若干个表达式连接起来。它们的优先级别在所有的运算符中是最低的，结合方向是从左到右。

逗号表达式的一般形式为：

```
表达式1, 表达式2, 表达式3, ..., 表达式n
```

运算过程为：依次计算表达式 1 的值，再计算表达式 2 的值，直至计算完所有的逗号表达式。整个表达式的值为表达式 n 的值。

【例 2.19】运行下面的程序，观察并分析用法。

```
#include "stdio.h"
void main()
{
    int x, y, z;
    z = (x=23, y=12.1, 11.20+x, x+y); /*逗号表达式*/
    printf("z的值为: %d", z);
}
```

【说明】

① 逗号表达式由 4 个表达式组成，其运算顺序为：将 23 赋给变量 x，将 12.1 赋给变量 y（实际上只能接收值为 12），11.20 与变量 x 的值相加，结果为 34.20 作为第 3 个表达式的值，再计算 x+y，结果为 35.1 作为第 4 个表达式的值（因为 x 和 y 都是整型数，求和的结果也只能得到的值为 35），所以输出 z 的值为 35。

② 逗号运算符是所有运算符中级别最低的，具有从左至右的结合性。

③ 逗号表达式的使用不太多，一般是在给循环变量赋初值时才用到。

④ 并不是所有出现在程序中的逗号都是逗号表达式。例如函数参数也是用逗号来间隔的。如:

```
printf("%d %d %d", a, b, c);
```

上一行的“a, b, c”并不是逗号表达式，它是printf()函数的三个参数，参数间用逗号隔开。

任务 2.3　知识扩展

在前面任务中介绍了输入/输出函数及C语言的算术运算符、赋值运算符、复合运算符、自增自减运算符及逗号表达式，下面通过例子来巩固前面所介绍的知识。

2.3.1　程序应用

【例 2.20】有一个华氏温度 f，要求输出摄氏温度 c。公式为 c=5/9 *(f - 32)。

【分析】

① C 语言中有两种类型转换，一种是系统自动进行类型转换，如 83+22.3。第二种是强制类型转换，当自动类型转换不能实现目的时，可以用强制类型转换。

② (float)5/9 将整型常量 5 强制转换为 float，这样(float)5/9 的运算结果就是一个无限循环小数 0.5555，保证了运算结果是正确的。而 5/9 的结果是 0，则致最后的运算结果错误。这里的(float)5/9 也可以写成 5/(float)9 或 5.0/9 或 5/9.0。

③ 进行强制类型转换运算并不改变数据原来的类型。例如，变量 x=2.56 为 float 型，则在语句 int i=(int)x 后，x 的类型不变（仍为 float 型）。

【程序代码】

```
#include "stdio.h"
void main()
{
    float f, c;
    f=83+22.3;
    c=float(5)/9*(f-32);
    printf("摄氏温度为: %f", c) ;
}
```

【例 2.21】① 设=1，则进行 y=(x++)+(x++)+(x++)后，x 和 y 的值分别为多少？

② 设=1，则进行 y=(++x)+(++x)+(++x)后，x 和 y 的值分别为多少？

【分析】

第①题：因为这是自增（++）的后置运算，所以变量先参与其他运算，然后再进行自增。故可以写成：y=x+x+x;

x++;

x++;

x++;

这样，显然 y 的值为 3，而最后 x 的值为 4。

第②题：因为这是自增（++）的前置运算，所以变量先进行自增，然后再参与其他运算。故可以写成：++x;

++x;

++x;

y=x+x+x;

这样，显然 x 的值为 4，而最后算得的 y 的值为 12。

【例 2.22】 实现计算器的四则运算

【分析】

运算是对数据进行加工的过程，用来表示各种不同运算的符号称为运算符。参加运算的数据称为运算对象或操作数。用运算符把运算对象连接起来的式子称为表达式。

C 语言的运算符很丰富，包括算术运算符、关系运算符、逻辑运算符、赋值运算符、条件运算符等。本例题是实现简单计算器的加减乘除功能。假设操作数 1 保存在变量 oper1 中，操作数 2 保存在变量 oper2 中，输出两个数的运算结果。

【程序代码】

```
#include "stdio.h"
void main()
{
    int oper1, oper2, sum, mul, sub;
    double div;
    printf("请输入第一个操作数:\n");                    /*输出提示信息*/
    scanf("%d", &oper1);                               /*输入操作数1*/
    printf("请输入第二个操作数:\n");
    scanf("%d", &oper2);                               /*输入操作数2*/
    sum=oper1+oper2;
    printf("%d+%d=%d\n", oper1, oper2, sum);
    sub=oper1-oper2;
    printf("%d-%d=%d\n", oper1, oper2, sub);
    mul=oper1*oper2;
    printf("%d×%d=%d\n", oper1, oper2, mul);
    div=(double)oper1/oper2;
    printf("%d÷%d=%f\n", oper1, oper2, div);
}
```

【例 2.23】 输入三角形的三边长，求三角形的面积。

【分析】

① 定义三个变量 a、b、c 存放输入的三条边的值，定义变量 area 存放三角形的面积。由于在求三角形的面积时用海伦公式 area=$\sqrt{s(s-a)(s-b)(s-c)}$，其中 s 是三角形周长的二分之一，所以还需要定义变量 s。

② area=$\sqrt{s(s-a)(s-b)(s-c)}$ 在程序中的表达式为：area=sqrt(s*(s-a)*(s-b)*(s-c))，即根号用 sqrt()函数表示。只要在程序的前面加上库函数 math.h 即可。

【程序代码】

```
#include "stdio.h"
#include "math.h"
void main()
{
    float a, b, c, area, s;
    scanf("%f, %f, %f", &a, &b, &c);                    /*输入三角形的三条边*/
    s=1.0/2*(a+b+c);
    area=sqrt(s*(s-a)*(s-b)*(s-c));                      /*计算面积*/
    printf("a=%f, b=%f, c=%f, s=%f\n", a, b, c, s);/*输出三条边和s*/
    printf("area=%f\n", area);                          /*输出面积*/
}
```

【例 2.24】输入圆半径，求圆的面积和周长。圆周率的值取为 3.14。

【分析】

① 定义三个变量，即半径 r、面积 s 和周长 c。

② 在程序中#define PI 3.14 的意思是定义一个符号常量 PI，其值为 3.14。符号常量的命名规则与变量名一样，但习惯上，符号常量常用大写字母表示。

【程序代码】

```
#include "stdio.h"
#define PI 3.14                             /*定义一个符号常量PI，其值为3.14*/
void main()
{
    float r, s, c;
    printf("请输入圆的半径r:");
    scanf("%f", &r);                        /*输入半径*/
    s=PI*r*r;                               /*计算面积*/
    c=2*PI*r;                               /*计算周长*/
    printf("圆的面积s为：%f\n圆的周长c为：%f\n", s, c);
}
```

【例 2.25】输入一个四位数，求该数个位、十位、百位、千位上的数的和。

【分析】

① 两个整数相除的结果仍为整数，即 5/2 的值为 2，舍去小数部分。

② 如果参加运算的两个数中有一个数为实数，则结果为 double 型，因为 C 语言中所有实数都按 double 型进行运算。即 5.0/2 的值为 2.5。

③ %运算符的两侧必须都是整型数据。

④ C 语言规定了运算符的优先级和结合性。在表达式求值时，先按运算符的优先级别高低次序执行。

【程序代码】

```
#include "stdio.h"
```

```
void main()
{
    int num;
    int n1, n2, n3, n4, sum ;
    scanf("%d", &num);
    n1=num%10;                    /*求个位数*/
    n2=num/10%10;                 /*求十位数*/
    n3=num/100%10;                /*求百位数*/
    n4=num/1000;                  /*求千位数*/
    sum=n1+n2+n3+n4;
    printf("和为: %d", sum) ;
}
```

【思考】

输入一个四位数，如何逆序生成一个新的四位数输出。例如一个数 8765，逆序后产生一个新的四位数 5678 并输出。

【例 2.26】 求方程 $ax^2+bx+c=0$ 的实数根。a、b、c 由键盘输入，$a\neq0$ 且 $b^2-4ac>0$。

【分析】

① 定义 6 个变量，即系数 a、b、c，两个解 x1、x2 及中间值 disc。

② 计算判别式 disc=b^2-4ac，然后再根据公式 $(-b\pm\sqrt{b^2-4ac})/(2a)$ 计算出解，最后输出结果。

【程序代码】

```
#include "stdio.h"
#include "math.h"
void main()
{
    float a, b, c, disc, x1, x2;
    printf("请输入方程a, b, c的值:");
    scanf("%f%f%f ", &a, &b, &c);                /*输入三条边*/
    disc=b*b-4*a*c;
    x1=(-b+sqrt(disc))/(2*a);                    /*计算出x1*/
    x2=(-b-sqrt(disc))/(2*a);                    /*计算出x2*/
    printf("方程的根为x1=%f, x2=%f\n", x1, x2);  /*输出结果*/
}
```

2.3.2 动手试试

针对如下各知识点，先对程序代码进行分析，查看各程序输出结果什么？然后上机运行该程序看实际结果与你分析的有无不同，如有不同，请找出原因。

1. 求出所使用环境中整型所占的字节数

```
#include"stdio.h"
void main()
  { int b;
```

```
        b=sizeof(int);
        printf("The side of int =%d\n", b);
        getch();
    }
```

2. 转义字符的应用

```
#include "stdio.h"
void main()
  {
    printf("\t\130S\t\b xs\n");
    printf("\t\"\x53oS\"\n ");
  }
```

3. 输出控制格式的应用

```
#include"stdio.h"
void main()
 {
     int a=15;
     float b=123.1234567;
     double c=12345678.1234567;
     char d='p';
     printf("a=%d,%5d,%o,%x\n",a,a,a,a);
     printf("b=%f,%lf,%5.4lf,%e\n",b,b,b,b);
     printf("c=%lf,%f,%8.4lf\n",c,c,c);
     printf("d=%c,%8c\n",d,d);
}
```

4. 算术运算符的应用

```
#include "stdio.h"
void main()
{
     int a, b, d=25;
     a=d/10%9;
     b=a&&(-1);
     printf("%d, %d\n", a, b);
}
```

5. 强制类型转换的应用

```
#include "stdio.h"
void main()
{
     float k;
     float x=3.5, y=2.5;
```

```
    int a=2, b=4;
    k=(float)(a+b)/2+(int)x%(int)y;
    printf("%f\n", k);
}
```

6. 关系运算符与逻辑运算符的应用

```
#include "stdio.h"
void main()
{
    int a, b, c;
    a=10;
    b=20;
    c=(a%b<1)||(a/b>1);
    printf("a=%d, b=%d, c=%d\n", a, b, c);
}
```

7. 各种运算符及表达式的混合应用

```
#include "stdio.h"
void main()
{
    int x, y, t;
    double a;
    float b;
    int c;
    scanf("%d%d", &x, &y);
    c=b=a=20/3;
    t=(x%y, x/y);
    printf("%d%d\n", x--, --y);
    printf("%d\n", t) ;
    printf("%d\n", (x=5*6, x*4, x+5)) ;
    printf("%d%f%f\n", c, b, a) ;
}
```

8. 复合赋值运算符的应用

```
#include "stdio.h"
   void main()
    {     int a=15,n=15,b=12,c=5;
          a%=n%=2;
          printf("a=%d,n=%d\n",a,n);
          b+=b-=b*b;
          a=5+(c=6);
          printf("b=%d,a=%d,c=%d\n",b,a,c);
     }
```

实训 2 计算一名选手得分

一、实训目的

- 掌握变量的定义、初始化和赋值
- 掌握算术运算符的使用方法
- 掌握各种类型数据的输入/输出方法

二、实训内容

1. 验证任务二中的例题。学习并总结各种类型的数据的输入和输出的方法。
2. 分析下面的程序或语句，给出正确的运行结果。

代码 1：

```
main()
{  float x,y,m;    int  z;   char c='a';
     x=1.1;      y=2*x;       z=x+2.2;
     m=c+z;
     printf("%f\n%f\n%d\n%4.3f\n",x,y,z,m);
}
```

程序的运行结果为______________________________。

代码 2：

```
main()
{   int i;
    i = 10;
    printf ("dec = %d, oct = %o, hex = %x " , i, i, i) ;
}
```

（1）%d，%o，%x 分别表示何种控制格式？

（2）程序的运行结果为__________。

代码 3：

```
printf ("%12f, %12.3f, %.2f\n", 1234.5678, 1234.5678, 1234.5678);
```

程序的输出结果为____________________________。

代码 4：

```
main()
 { int  c=3;
   printf ("%d,%d,%d\n", c+=c++, c+6, ++c) ;
   c=3;
   printf ("%d\n", (c+=c++, c+8, ++c) ) ;
  }
```

程序的运行结果为______________________________。

代码 5：

```
main()
        {   int a=3,b=4,c=1,t,s;
            t=(a+3,b+1,++c);
            s=(t+3,t++);
            printf("t=%d,s=%d\n",t,s);
        }
```

程序的运行结果为＿＿＿＿＿＿＿＿＿＿＿＿＿＿＿＿。

3. 编程

（1）计算两个数的和与平均值。

（2）输入一名选手的评分（五个），输出总分及平均分。

（3）输入扇形半径 r 和角度 a，计算扇形面积（π 取 3.14，s 计算结果保留到小数点后两位）。

```
S=π*r²*(a/360)
```

（4）从键盘输入一个小写字母，打印该字母及其对应的十进制 ASCⅡ代码值，然后打印该字母对应的大写字母及其对应的十进制 ASCⅡ代码值。

习　题　2

一、选择题

（1）下列四组选项中，均是不合法的用户标识符的选项是（　　）。

A. G　S_4　int　　B. double　2a0　_V

C. !A3　a#b　do　　D. b-a　abc　Swep

（2）下列四组选项中，属于合法的用户标识符的选项是（　　）。

A. for　　B. －XYZ　　C. 5i　　D. For

（3）下列不合法的 C 语言整型常量是（　　）。

A. 0xe2L　　B. 2e3　　C. 18L　　D. 0xe3

（4）下列不合法的 C 语言实型常量是（　　）。

A. -123E-3.0　　B. -.123　　C. -1.23E-1　　D. -0.123

（5）设 char a; int b; float c; double d; 则表达式 d/b+c*a 值的数据类型为（　　）。

A. char　　B. int　　C. double　　D. float

（6）设有说明：char a; int b; float c; double d; 则表达式(int)(d)/b+c*a 值的数据类型为（　　）。

A. char　　B. int　　C. float　　D. double

（7）定义三个变量 x、y、z，并分别赋初值为 0，能实现该功能的语句是（　　）。

A. int x=0；y=0；z=0；　　B. int x=0,y=0,z=0；

C. int x,y,z=0；　　D. int x=y=z=0；

（8）定义三个变量 a，b，c，并都初始化为'a'。能实现该功能的语句是（　　）。

A. char a='a'；b='a'；c='a'；　　B. char a='a',b='a',c='a'；

C. char a,b,c='a'；　　D. char a=b=c='a'；

（9）设以下变量均为 int 类型，则值不等于 8 的表达式是（　　）。

A. (y=7,y+1,x=y,x+1)　　B. (x=7,x+1,y=x++,y+1)

C. (x=y=7,++x,y+1)　　D. (x=y=7,++x,x+1)

（10）假设 x，y，z 为整型变量，且 x=2，y=3，z=10，则下列表达式中值为 1 的是（　　）。

A. x&&y||z　　B. x>y

C. (!x&&y)||(y>z)　　D. x&&!z||!(y&&z)

二、程序分析题

（1）分析以下程序：

```
#include <stdio.h>
main()
    {  int x;
      x=(x=4*5,x+5,x+25);
      printf("x=%d\n", x) ;
    }
```

其运行结果是________________。

（2）分析以下程序：

```
#include "stdio.h"
void main()
    {  float y; int x;
       x=1.2;
       y=(x+3.8)/2;
       printf("x=%d,y=%.2f\n", x,y) ;
 }
```

其运行结果是________________。

（3）分析以下程序：

```
#include "stdio.h"
void main()
   {  int a;  float b;  char c;
      a=2.2;
      c='a';
      b=(a+c)/2;
      printf("a=%d,b=%.2f \n", a,b);
      }
```

其运行结果是________________。

（4）分析以下程序：

```
#include <stdio.h>
void main()
   {  int x, y, z;
      x=y=2;
      z=(x++,++y,x+y);
      printf("x=%d, y=%d, z=%d\n",x,y,z);
   }
```

其运行结果是________________。

三、编程题

（1）输入底面半径 *r* 和高度 *h*，计算并输出圆柱体的体积 *v*。

$v=\pi r^2 h$（π 取 3.14，*v* 计算结果保留到小数点后两位）

（2）编程：输入华氏温度 F，输出摄氏温度 C 和绝对温度 K。(计算结果保留到小数点后两位。转换公式：C=5/9*(F-32);K=C+273.15)

（3）从键盘输入一扇形的半径和角度，求扇形的面积和周长。

（4）从键盘输入一个小写字母，打印该字母及其对应的十进制 ASCⅡ代码值，然后打印该字母对应的大写字母及其对应的十进制 ASCⅡ代码值。

任务三

找出最高分和最低分

任务描述

- 将评委给出的分数中的最高分和最低分找出来（先解决只有三个分数的情况）

学习要点

- if语句的三种基本形式
- 条件运算符和条件表达式
- switch语句的形式和应用

学习目标

- 了解结构化程序设计的概念
- 理解选择（分支）结构程序的流程图
- 熟练掌握if语句的使用方法
- 熟练掌握switch语句的使用方法

专业词汇

conditional statement　条件语句	conditional operator　条件运算符
conditional expression　条件表达式	nested　嵌套

【任务说明】针对一个选手，在屏幕上先将输入各评委的打分，要求输出这名选手的所得最高分及最低分。如图3.1所示。通过本任务，我们将熟悉结构化程序的设计概念，以及条件语句的使用；另外来要求掌握多分支选择结构的功能及使用技巧。

【问题引入】输入三名评委对一名选手的打分，要求输出这名选手的最高分及最低分。

【问题分析】本任务分成两个子任务：使用条件语句求出这名选手的最高分及最低分；使用各分支选择结构将该名选手的平均得分转换成相应的等级。

f1 f2 f3
99 96 95
最高分:99 最低分:95

图 3.1　找出最高分和最低分的程序的运行结果

任务 3.1　找出最高分及最低分

问题情景

举办校园歌手大赛，给每一名选手输入三名评委的打分，按要求输出这名选手的最高分及最低分。

实现过程

【例 3.1】（假设只有三名评委打分）

```
#include "stdio.h"
void main()
{
    int f1,f2,f3,max,min;
    /* 定义3个整型变量存储评委打分，max存储最高分，min存储最低分 */
    printf("\nf1\tf2\tf3\n");                          /* 提示输入打分 */
    scanf("%d%d%d",&f1,&f2,&f3);                       /* 输入评分 */
    if(f1>f2)
        max=f1,min=f2;
    else
        max=f2,min=f1;
    if(f3>max)
        max=f3;
    else if(f3<min)
        min=f3;
    printf("\n最高分:%d\t最低分:%d\n",max,min);        /* 输出结果 */
    getch();
}
```

程序运行结果如图 3.1 所示。

本任务中，要掌握的知识点是：

（1）C 语言程序的基本控制结构。

（2）if 语句的使用。

（3）条件运算符和条件表达式。

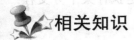

相关知识

3.1.1　C 语言程序的基本控制结构

从程序流程的角度来看，程序可以分为三种基本结构，即顺序结构、选择结构、循环结构。这三种基本结构可以组成所有的各种复杂程序。C 语言提供了多种语句来实现这些程序结构。

（1）顺序结构

在顺序结构程序中，各语句（或命令）是按照位置的先后次序顺序执行的，且每个语句都会被执行到。如图 3.2（a）所示。

（2）选择结构

选择结构对条件进行判断，当条件成立或不成立时分别执行不同的语句序列。不管执行哪一个语句序列，执行结束后，控制都转移到同一出口的地方。要设计选择结构程序，要考虑两个方面的问题：一是在 C 语言中如何来表示条件，二是在 C 语言中实现选择结构用什么语句。在 C 语言中表示条件，一般用关系表达式或逻辑表达式，实现选择结构用 if 语句或 switch 语句。如图 3.2（b）所示。

（3）循环结构

循环结构是程序中一种很重要的结构。在这种结构中，给定的条件称为循环条件，反复执行的程序段称为循环体。其特点是，在给定条件成立时，循环结构反复执行循环体，直到条件不成立时终止循环，控制转移到循环体外。C 语言提供了多种循环语句，可以组成各种不同形式的循环结构。在 C 语言中，可用 for 语句、do-while 语句、while 语句实现循环，如图 3.2（c）所示。

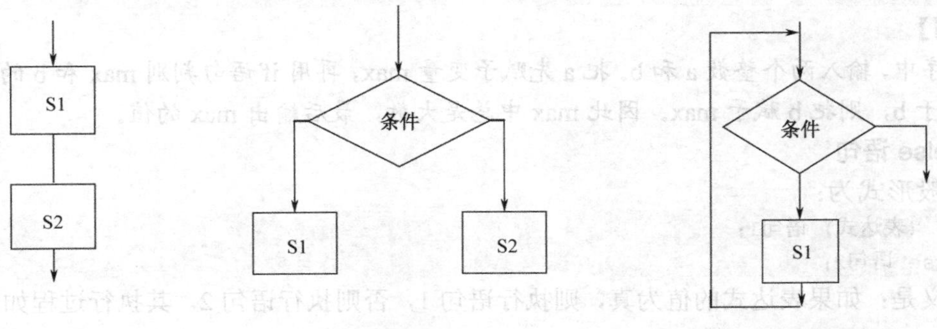

（a）顺序结构　　（b）选择结构　　（c）循环结构

图 3.2　三种基本控制结构流程图

3.1.2 if语句

用 if 语句可以构成选择结构，它根据给定的条件进行判断，以决定执行某个分支程序段。C语言的if语句有以下三种基本形式。

1. if（表达式）语句

其语义是：如果表达式的值为真，则执行其后的语句，否则不执行该语句。

其执行过程如图 3.3 所示。

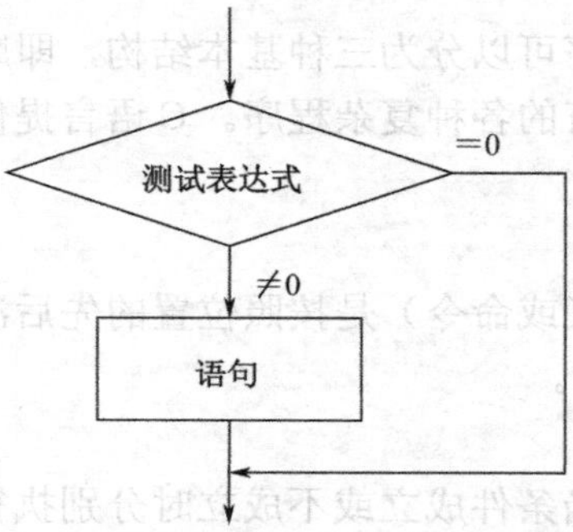

图 3.3 if(表达式)语句流程图

【例 3.2】 输入两个整数，输出其中的较大数。

```
#include "stdio.h"
void main()
{
    int a, b, max;                    /*max表示当前的最大值*/
    printf(" input two numbers:\n ");
    scanf("%d%d", &a, &b);            /*输入两个整数*/
    max=a;
    if (max<b) max=b;                 /*if语句*/
    printf("max=%d", max);
}
```

【说明】

本程序中，输入两个整数 a 和 b。把 a 先赋予变量 max，再用 if 语句判别 max 和 b 的大小，如 max 小于 b，则把 b 赋予 max。因此 max 中总是大数，最后输出 max 的值。

2. if-else 语句

其一般形式为：

```
if (表达式) 语句1;
else 语句2;
```

其语义是：如果表达式的值为真，则执行语句 1，否则执行语句 2。其执行过程如图 3.4 所示。

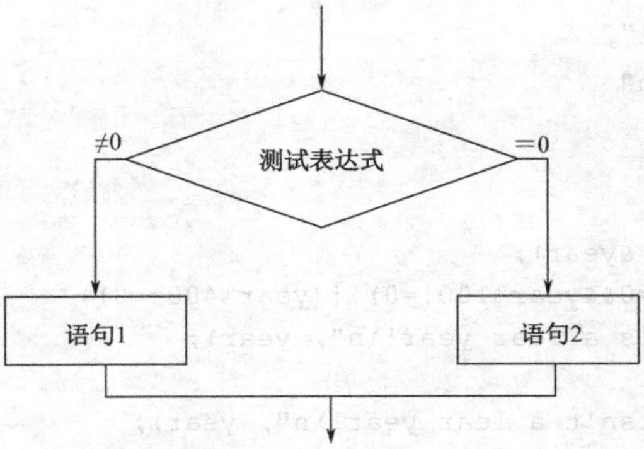

图 3.4　if-else 语句流程图

【例 3.3】输入两个整数，输出其中的较大数(改用 if-else 语句实现)。

```
#include "stdio.h"
void main()
{
    int a, b;
    printf("input two numbers: ");
    scanf("%d%d", &a, &b);
    if(a>b)
    printf("max=%d\n", a);
    else
    printf("max=%d\n", b);
}
```

【说明】

此程序用 if-else 语句实现，先判别 a, b 的大小，若 a 大，则输出 a，否则输出 b。

【例 3.4】输入两个数，要求从大到小输出这两个数。

```
#include "stdio.h"
void main()
{
    int a, b;
    printf("input two numbers: ");
    scanf("%d%d", &a, &b);
    if(a>b)
    printf("%d, %d\n", a, b);
    else
    printf("%d, %d\n", b, a);
}
```

【说明】

此程序中用 if-else 语句实现，先判别 a, b 的大小，若 a 大于 b，则按顺序输出 a, b，否则输出 b, a。

【例 3.5】输入一个年份，判断是否为闰年，是闰年输出为“×× is a leap year!”，否则输出为“×× isn't a leap year!”。

```
#include "stdio.h"
void main()
{
     int year;
     scanf("%d", &year);
     if((year%4==0&&year%100!=0)||(year%400==0))          /*判断是否为闰年*/
     printf("%d is a lear year!\n", year);
     else
     printf("%d isn't a lear year!\n", year);
}
```

【说明】

此程序中用 if-else 语句实现判断是否为闰年，其中要特别注意逻辑运算符的运用。

3. if-else if-else 形式

当有多个分支选择时，可采用此语句。

其一般形式为：

```
if(表达式1) 语句1;
else if(表达式2) 语句2;
else if(表达式3) 语句3;
     …
else if(表达式n-1) 语句n-1;
else 语句n;
```

其语义是：依次判断表达式的值，当出现某个值为真时，则执行其对应的语句，然后跳到整个 if 语句之外继续执行程序。如果所有的表达式均为假，则执行语句 n，然后继续执行后续程序。如图 3.5 所示。

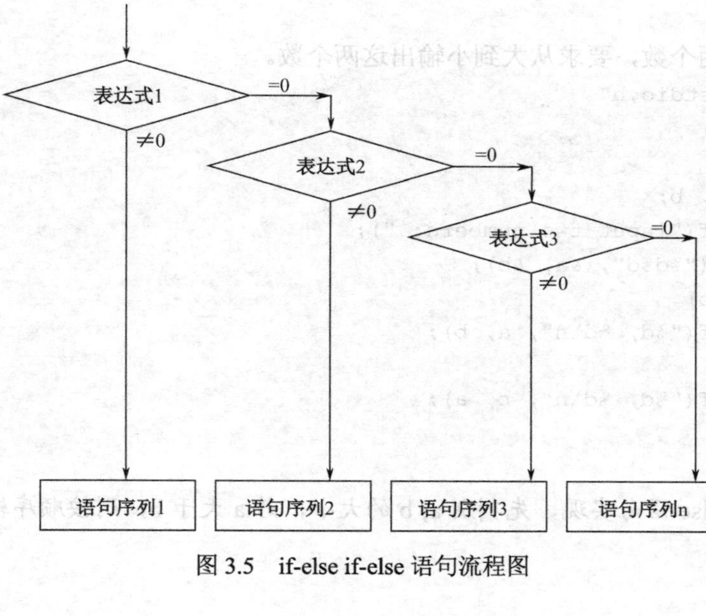

图 3.5　if-else if-else 语句流程图

【例 3.6】编写程序，判断键盘输入字符的类别。

```
#include "stdio.h"
void main()
{    char c;
    printf("input a character: ");
    c=getchar();                                    /*从键盘上接收一个字符*/
    if(c<32)
    printf("This is a control character\n");
    else if(c>='0'&&c<='9')                         /*判断是否为数字字符*/
    printf("This is a digit\n");
    else if(c>='A'&&c<='Z')                         /*判断是否为大写字母*/
    printf("This is a capital letter\n");
    else if(c>='a'&&c<='z')                         /*判断是否为小写字母*/
    printf("This is a small letter\n");
    else
    printf("This is an other character\n");
}
```

【说明】

本程序要求判断键盘输入字符的类别。可以根据输入字符的 ASCII 码来判断类型。由 ASCII 码表可知 ASCII 值小于 32 的为控制字符。在'0'和'9'之间的为数字，在'A'和'Z'之间为大写字母，在'a'和'z'之间为小写字母，其余则为其他字符。这是一个多分支选择的问题，用 if-else-if 语句编程，判断输入字符 ASCII 码所在的范围，分别给出不同的输出。例如输入为'g'，输出显示它为小写字符。

3.1.3　if 语句使用注意事项

（1）在三种形式的 if 语句中，if 关键字之后均为表达式。

该表达式通常是逻辑表达式或关系表达式， 但也可以是其他表达式，如赋值表达式等，甚至也可以是一个变量。例如：if(a=5)语句；和 if(b) 语句；都是允许的。只要表达式的值为非 0，即为“真”。如在 if(a=5)…；中表达式的值永远为非 0，所以其后的语句总是要执行的，当然这种情况在程序中不一定会出现，但在语法上是合法的。又如，有程序段：

```
if(a=b) printf("%d", a);
else  printf("a=0");
```

本语句的语义是，把 b 值赋予 a，如为非 0 则输出该值，否则输出“a=0”字符串。这种用法在程序中是经常出现的。

（2）在 if 语句中，条件判断表达式必须用括号括起来。

（3）在 if 语句的三种形式中，所有的语句应为单个语句，如果要想在满足条件时执行一组（多个）语句，则必须把这一组语句用{　}括起来组成一个复合语句。但要注意的是在}之后不能再加分号。

例如：

```
if (a>b) {a++; b++; }
else { a=0; b=10; }
```

3.1.4 条件运算符和条件表达式

如果在条件语句中，只执行单个的赋值语句时，常可使用条件表达式来实现。不但使程序简洁，还提高了运行效率。

（1）条件运算符。它是一个三目运算符，由? ：组成。

（2）条件表达式。由条件运算符组成条件表达式。

一般形式为：

```
表达式1? 表达式2: 表达式3
```

其求值规则为：如果表达式 1 的值为真，则以表达式 2 的值作为整个条件表达式的值，否则以表达式 3 的值作为整个条件表达式的值。条件表达式通常用于赋值语句之中。例如条件语句：

```
if(a>b) max=a;
else max=b;
```

可用条件表达式写为

```
max=(a>b)?a:b;
```

执行该语句的语义是：如 a>b 为真，则把 a 赋予 max，否则把 b 赋予 max。

（3）使用条件表达式时，应注意以下几点：

① 条件运算符的运算优先级低于关系运算符和算术运算符，但高于赋值符。因此

```
max=(a>b)?a:b
```

可以去掉括号而写为

```
max=a>b?a:b
```

② 条件运算符?和：是一对运算符，不能分开单独使用。

③ 条件运算符的结合方向是自右至左。

例如：

a>b?a:c>d?c:d 应理解为 a>b?a:(c>d?c:d) 这也就是条件表达式嵌套的情形，即其中的表达式 3 又是一个条件表达式。

【例 3.7】 输入两个整数，输出其中的较大数（改用条件表达式来实现）。

```
#include "stdio.h"
void main()
{
    int a, b;
    printf("\n input two numbers: ");
    scanf("%d%d", &a, &b);
    printf("max=%d\n", a>b?a:b);
}
```

【说明】

本程序中，输入两个整数 a 和 b。直接用条件表达式 a>b?a:b，求出 a 和 b 的最大值，并直接输出这个最大值。

3.1.5 交换语句

交换语句：由 t=a; a=b; b＝t; 这三个语句可组成一个交换语句。

功能：通过 t 作中间量，实现交换 a 与 b 的值。

例如：

设

```
int a=3, b=1, t;
```

程序段：

```
 if(a＞b)
    { t=a; a=b; b＝t; }
printf("a=%d, b=%d", a, b);
```

和

```
if(a＞b)
     t＝a; a＝b; b＝t;
printf("a＝%d, b＝%d", a, b);
```

【思考】

① 两段程序有什么区别？

② 其执行结果有什么不同？

③ 如果初值 a=1，b=3，其结果又有什么不同？

任务 3.2 将选手的平均得分转换成相应等级

问题情景

举办校园歌手大赛，三名评委分别对每一名选手打分，将该名选手的平均得分转换成相应的等级，并输出该等级。

实现过程

方法一：用 if-else 语句实现

【例 3.8】

```
#include "stdio.h"
void main()
{
 int f1,f2,f3;
   float ave;
   char y;                                    /* 定义一个字符型变量存储得分等级 */
```

```
        printf("\nf1:");                          /* 提示输入第一个评委打分 */
        scanf("%d",&f1);                          /* 输入评分1 */
        printf("f2:");
        scanf("%d",&f2);
        printf("f3:");
        scanf("%d",&f3);
        ave=(f1+f2+f3)/3.0;                       /* 计算平均分 */
        if(ave>=0&&ave<=100)                      /* 做合法性判断*/
          {  if(ave>=90&&ave<=100)y='A';          /* 分等级*/
             if(ave>=80&&ave<90)y='B';
             if(ave>=70&&ave<80)y='C';
             if(ave>=60&&ave<70)y='D';
             if(ave>=0&&ave<60)y='E';
             printf("The level of the player is:%c\n",y);    /* 输出等级*/
          }
        else  printf("Score is invalid!\n");
        getch();
    }
```

程序运行结果如图 3.6 所示。

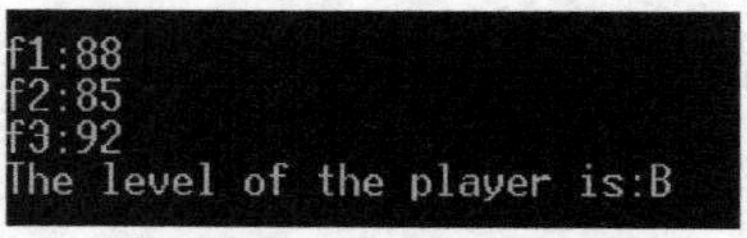

图 3.6 将选手的平均得分转换成相应等级

方法二：用 if-else if-else 语句实现

【例 3.9】

```
    #include "stdio.h"
    void main()
    {
     int f1,f2,f3;
       float ave;
       char y;
       printf("\nf1:");
       scanf("%d",&f1);
       printf("f2:");
       scanf("%d",&f2);
       printf("f3:");
       scanf("%d",&f3);
       ave=(f1+f2+f3)/3.0;
       if(ave>=0&&ave<=100)                          /* 做合法性判断*/
         {  if(ave>=90)y='A';                        /* 分等级*/
            else if(ave>=80)y='B';
            else if(ave>=70)y='C';
            else if(ave>=60)y='D';
```

```
        else y='E';
        printf("The level of the player is:%c\n",y);/* 输出等级*/

      }
    else  printf("Score is invalid!\n");
    getch();
  }
```

方法三：用 switch 语句实现

【例 3.10】

```
#include "stdio.h"
void main()
{
 int f1,f2,f3,t;                                 /* 多定义一个整型变量t*/
   float ave;
   char y;
   printf("\nf1:");
   scanf("%d",&f1);
   printf("f2:");
   scanf("%d",&f2);
   printf("f3:");
   scanf("%d",&f3);
   ave=(f1+f2+f3)/3.0;
   t=ave/10;
   switch(t)
     {  case 10:                         /* 分等级，并输出等级*/
        case 9:printf("The level of the player is A");break;
        case 8:printf("The level of the player is B");break;
        case 7:printf("The level of the player is C");break;
        case 6:printf("The level of the player is D");break;
        case 5:
        case 4:
        case 3:
        case 2:
        case 1:
        case 0:printf("The level of the player is E");break;
        default: printf("Score is invalid!\n");
      }
getch();
}
```

程序运行结果如图 3.6 所示。

从上面三种方法的实现过程可分析出，在本任务中，要掌握的知识点是：

① if 语句的嵌套用法。

② switch 语句的使用方法。

③ if 语句与 switch 语句的互换技巧。

相关知识

3.2.1 if 语句的嵌套

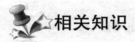

当 if 语句中的执行语句又是 if 语句时，则构成了 if 语句嵌套的情形。

其一般形式可表示如下：

```
if(表达式)
    if语句;
```

或者为

```
if(表达式)
    if语句;
    else if语句;
```

在嵌套内的 if 语句可能又是 if-else 型的，这将会出现多个 if 和多个 else 重叠的情况，这时要特别注意 if 和 else 的配对问题。例如：

```
if(表达式1)
    if(表达式2) 语句1;
    else 语句2;
```

其中的 else 究竟是与哪一个 if 配对呢？

为了避免这种二义性，C 语言规定，else 总是与它前面最近的未配对的 if 配对，因此对上述例子应该理解为：

```
if(表达式1)
{
    if(表达式2) 语句1;
    else 语句2;
}
```

【例 3.11】比较两个数的大小关系。

```
#include "stdio.h"
void main()
{   int a, b;
    printf("please input A, B: ");
    scanf("%d%d", &a, &b);
    if(a!=b)
        if(a>b)
            printf("A>B\n");
        else
            printf("A<B\n");
    else
        printf("A=B\n");
}
```

【说明】

本程序中用了 if 语句的嵌套结构。采用嵌套结构实质上是为了进行多分支选择，本问题实际上有三种选择即 A>B、A<B 或 A=B。这种问题用 if-else if-else 语句也可以完成。而且程序更加清晰。因此，在一般情况下较少使用 if 语句的嵌套结构，以使程序更便于阅读理解。用 if-else if-else 语句来实现的程序代码如下：

```
#include "stdio.h"
void main()
{   int a, b;
    printf("please input A, B: ");
    scanf("%d%d", &a, &b);
    if(a==b)
        printf("A=B\n");
    else if(a>b)
        printf("A>B\n");
    else
        printf("A<B\n");
}
```

3.2.2　switch 语句（不带 break）

一般形式为：

```
switch(表达式)
{
    case常量表达式1: 语句1;
    case常量表达式2: 语句2;
    …
    case常量表达式n: 语句n;
    [default : 语句n+1; ]
}
```

说明：“表达式”必须放在圆括号中；“常量表达式”与关键字 case 之间必须用空格隔开；“default”适合于表达式的值不是常量表达式 1～n 的情况，也可以缺省。

语义：计算表达式的值，并逐个与其后的常量表达式值相比较，当表达式的值与某个常量表达式的值相等时，即执行其后的语句，然后不再进行判断，继续执行后面所有 case 后的语句。如表达式的值与所有 case 后的常量表达式均不相同时，则执行 default 后的语句。

【例 3.12】从键盘输入一个数字（1～7），输出一个对应的英文星期单词。

```
#include "stdio.h"
void main()
{
    int weekday;
    printf("input integer number: ");
    scanf("%d", & weekday);
    switch(weekday)
    {
        case 1: printf("Monday\n");
        case 2: printf("Tuesday\n");
        case 3: printf("Wednesday\n");
        case 4: printf("Thursday\n");
        case 5: printf("Friday\n");
```

```
        case 6: printf("Saturday\n");
        case 7: printf("Sunday\n");
        default: printf("error\n");
    }
}
```

【说明】

本程序是要求输入一个数字，输出一个英文单词。但是当输入 3 之后，却执行了 case 3 以及以后的所有语句，输出了 Wednesday 及以后的所有单词。这当然是不希望的出现的结果。

为什么会出现这种情况呢?这恰恰反映了 switch 语句的一个特点：在 switch 语句中，“case 常量表达式”只相当于一个语句标号，表达式的值和某标号相等则转向该标号执行，但不能在执行完该标号的语句后自动跳出整个 switch 语句，所以出现了继续执行所有后面 case 语句的情况。这是与前面介绍的 if 语句完全不同的，应特别注意。

3.2.3 switch 语句（带 break）

一般形式为：

```
switch(表达式)
{
    case常量表达式1: 语句1; break;
    case常量表达式2: 语句2; break;
    …
    case常量表达式n: 语句n; break;
    [default : 语句n+1; [break; ]]
}
```

为了避免上述问题中不希望出现的结果，C 语言提供了 break 语句，用于跳出 switch 语句，break 语句只有关键字 break，没有参数。在后面还将详细介绍。修改上述问题的程序，在每个 case 语句之后增加 break 语句，使每一次执行之后均可跳出 switch 语句，从而避免输出不应有的结果。执行流程如图 3.7 所示。

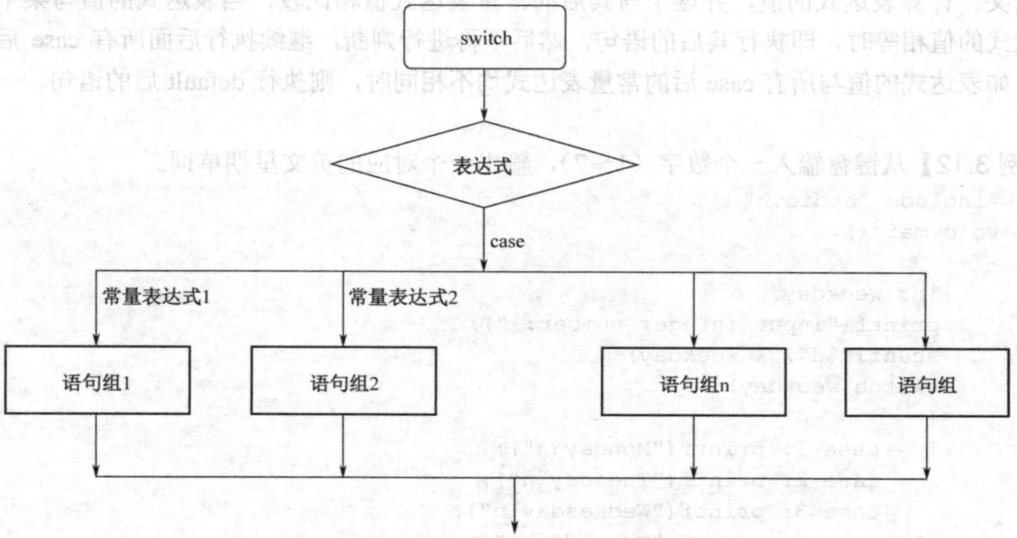

图 3.7　switch 语句执行流程

【例 3.13】输入一个数字，则输出一个英文单词。

```
#include "stdio.h"
void main()
{
    int a;
    printf("input integer number: ");
    scanf("%d", &a);
    switch(a)
    {
      case 1: printf("Monday\n"); break;
      case 2: printf("Tuesday\n"); break;
      case 3: printf("Wednesday\n"); break;
      case 4: printf("Thursday\n"); break;
      case 5: printf("Friday\n"); break;
      case 6: printf("Saturday\n"); break;
      case 7: printf("Sunday\n"); break;
      default: printf("error\n");
    }
}
```

【说明】

根据 break 语句的使用特点，当输入 1 ~ 7 之间任何一个值之后，都会输出相应的一个单词，若输入其他数字，则会输出 error。这就是我们所希望出现的结果。

3.2.4　switch 语句使用注意事项

（1）在每个 case 后的各常量表达式的值应互不能相同，否则会出现错误。

（2）在每个 case 后允许有多个语句，可以不用{ }括起来。

（3）许多个 case 可共用一个语句序列。

（4）如果每个 case 中都有 break 语句，那么 case 和 default 出现的次序不会影响程序的运行结果。

（5）default 子句可以省略不用。

（6）字符常数出现在 case 中，它们会自动转换成整型。

（7）switch 可以嵌套使用，要求内层的 switch 必须完全包含在外层的某个 case 中。

（8）switch 语句只能进行相等性检查，而 if 不但可进行相等性检查，还可以计算关系或逻辑表达式。因此 switch 语句不能完全替代 if 语句。

任务 3.3　知识扩展

在前面的任务中对分支语句进行了介绍，接下来对所学的知识进行灵活运用。

3.3.1 程序应用

【例 3.14】根据输入的 x 的值，求方程 $y=f(x)$ 的值。

$$y=\begin{cases}x+1 & x<0\\ x & x=0\\ x-1 & x>0\end{cases}$$

【分析】

① 当 x=0 时，y=x;

② 当 x!=0 时，判断 x >0 时，y=x+1;

③ 当 x!=0 时，判断 x <0 时，y=x-1。

【程序代码】

```
#include "stdio.h"
void main()
 {
   int x,y;
  printf("please input x:");
  scanf("%d",&x);
  if(x==0)
        y=x;
  else  if(x>0)
        y=x+1;
  else
        y=x-1;
  printf("y=%d\n",y);
 }
```

【例 3.15】设计高级计算器的菜单界面。

【分析】

使用 printf()函数和 switch 语句，设计高级计算器的菜单界面，程序运行时，显示高级计算器的菜单，用户根据需要输入相应的功能选项，完成相应的操作。

【程序代码】

```
#include"stdio.h"
void main()
{
     int oper1, oper2, choice;
     int sum, sub, mul;
     double div;
     char opnd;
     printf("    高级计算器\n");        /*菜单设计*/
     printf(" 1、加法   2、减法\n");
     printf(" 3、乘法   4、除法\n");
     printf(" 5、累加和  6、阶乘\n");
     printf("输入选择的操作:\n");
```

```
        scanf("%d", &choice);              /*功能的选择 */
        if(choice>=1&&choice<=4)
     {
            printf("输入第一个操作数:\n");
            scanf("%d", &oper1);
               printf("输入第二个操作数:\n");
            scanf("%d", &oper2);
        }
        switch(choice)
        {
                 case 1: sum=oper1+oper2;
                     printf("%d+%d=%d\n", oper1, oper2, sum);
                      break;
                 case 2: sub=oper1-oper2;
                     printf("%d-%d=%d\n", oper1, oper2, sub);
                     break;
                case 3: mul=oper1*oper2;
                     printf("%d×%d=%d\n", oper1, oper2, mul);
                     break;
                case 4: if(oper2!=0)
                     {
                      div=(double)oper1/oper2;
                     printf("%d÷%d=%f\n", oper1, oper2, div);
                      break;
                      }
                     else
                      printf("除数为0\n");
                     break;
                 default: printf("选择错误! \n");
            }
     }
```

【例 3.16】编写程序计算运输公司对收取用户的运费。路程（s）越远，每公里运费越低。标准如下：

s<=250	没有折扣
250<=s<500	2%折扣
500<=s<1000	5%折扣
1000<=s<2000	8%折扣
2000<=s<3000	10%折扣
s>=3000	15%折扣

设每公里每吨货物的基本运费为 p，货物重为 w，距离为 s，折扣为 d，则总运费的计算公式为：

$$f=p*w*s*(1-d)$$

【分析】

本程序中涉及的问题是公司对不同的路程采用了 5 种折扣，但实际上路程值有无数种，我们要把这无数种路程变为若干个值。通过观察可以把 250 公里作为一个单元，这样就是把所有路程变成 13 种情况，分别是 0、1、2……12。而其中 0 享受的是没有折扣；1 享受的是 2%折扣；2、3 享受的是 5%折扣；4、5、6、7 享受的是 8%折扣；以此类推。用 switch 语句解题的关键是要把多种情况分成若干个有限的值。

【程序代码】

```
#include "stdio.h"
void main()
{
     int c, s;
     float p, w, d, f;
     printf("请输入基本运费，货物重量，距离：");
     scanf("%f%f%d", &p, &w, &s);
     if(s>=3000)  c=12;
     else  c=s/250;        /*把0～3000连续数值区间转换成12个区间*/
     switch (c)
     {
          case 0: d=0; break;
          case 1: d=2; break;
          case 2:
          case 3: d=5; break;
          case 4:
          case 5:
          case 6:
          case 7: d=8; break;
          case 8:
          case 9:
          case 10:
          case 11: d=10; break;
          case 12: d=15; break;
     }
     f=p*w*s*(1-d/100.0)
     printf("总运费=%15.4f\n", f);
}
```

3.3.2 动手试试

针对如下各知识点，根据程序要求，先对程序代码进行分析，查看各程序输出结果是否符合要求？然后上机运行该程序看实际结果与你分析的有无不同，如有不同，请找出原因。最后完成思考中提出的问题。

（1）条件表达式语句与条件语言的互换

程序要求：输入一个字符，判别它是否为大写字母，如果是，将转换成小写字母，如果不是，则不转换，然后输出得到的字符。

【程序代码】

```
#include "stdio.h"
void main()
{   char ch, c;
     scanf("%c", &ch);
     if(ch>='A'&&ch<='Z')
         c=ch+32;
     else c=ch;
     printf("%c", c);
}
```

【思考】

本程序也可以用条件表达式语句来实现，程序代码又该如何写呢？请在源程序旁进行修改。

（2）switch 语句的应用技巧

程序要求：判断输入的两个整数是大于 0 还是小于 0。

【程序代码】

```
#include "stdio.h"
void main()
{
     int a,b;
     printf("enter 2 number:");
     scanf("%d,%d",&a,&b);
     switch(a>0)
     {
      case 1:switch(b>0)
            {
                case 1:printf("a>0 and b>0\n");break;
                case 0:printf("a>0 and b<0\n");break;
             }
      break;
      case 0:switch(b<0)
            {
                case 0:printf("a<0 and b>0\n");break;
                case 1:printf("a<0 and b<0\n");break;
            }
           break;
      }
     printf("\n");
}
```

【思考】

在这个程序中，使用了较多的 break 语句，为了使程序效果相同，请问有没有 break 语句可以省略？请说明原因。

实训 3　找最大值和最小值

一、实训目的

- 正确使用关系和逻辑表达式表示条件
- 学习选择语句 if 及 switch 语句的使用方法
- 条件运算符的使用方法

二、实训内容

1. 验证任务三中的例题。学习并总结条件语句及多分支选择语句的使用方法。
2. 编程：

（1）从键盘输入两个整数，输出较大的数。

（2）从键盘输入两个整数，从小到大输出。

（3）输入一个字符，判别它是否为大写字母，如果是，将其转换成小写字母；如果不是，则不转换，然后输出得到的字符（分别用条件语句和条件运算符两种方法来实现）。

① 用条件语句实现：

② 用条件运算符实现：

（4）从键盘输入三个整数，要求从大到小输出这三个数。

思考题： 编程要求实现：输入学生学习成绩，成绩>=90 分的同学用 A 表示，60～89 分之间的用 B 表示，60 分以下的用 C 表示。

（现给出利用条件运算符的嵌套来完成的代码，要求改换成用 if-else if-else（或 switch）来实现）。

```
main()
 {
   int score;
   char grade;
   printf("please input a score\n");
   scanf("%d",&score);
   grade=score>=90?'A':(score>=60?'B':'C');
   printf("%d belongs to %c",score,grade);
 }
```

习 题 3

一、选择题

（1）下列关键字中，不能用作条件语句的是（　　）。

A. case　　B. if　　C. else　if　　D. else

（2）若 x=3，y=2，z=1，则如下表达式的值为（　　）。

x<y? y : x

A. 3　　B. 2　　C. 1　　D. 0

（3）将整型变量 a、b 中的较大值为变量 c 赋值，下列语句中正确的是（　　）。

A. c=(a＞b)?a:b;　　B. c=(a＞b)?b:a;

C. c=if(a＞b)a else b;　　D. (a＞b)?c=a:c=b;

（4）已知：int x=1，y=2，则执行 z=x>y?++x:++y，z 的值为（　　）。

A. 1　　B. 2　　C. 3　　D. 4

（5）以下程序的输出结果是（　　）。

```
main()
{ int  a=2, b=1, c=3, d;
  printf ("%d\n",d=a>b? (a>c?a:c) : (b) );
}
```

A. 2　　B. 1　　C. 3　　D. 不确定

（6）下面的程序段执行时，若从键盘输入 5，则输出为（　　）。

```
int a;
scanf("%d", &a);
if(a-->5) printf("%d\n", a++);
else  printf("%d\n", a);
```

A. 7　　B. 6　　C. 5　　D. 4

（7）运行如下的程序段后，i 的值为（　　）。

```
int i=10;
switch(i){  case 9: i+=1;
             case 10:i+=1;
             case 11:i+=1; break;
             case 12:i+=1;
          }
```

A. 13　　　　B. 12　　　　C. 11　　　　D. 10

（8）若 int i=10，执行下列程序后，变量 i 的正确结果是（　　）。

```
switch(i)
 { case 9: i+=1;
   case 10:
   case 11: i-=1;
   default: i+=1;
  }
```

A. 10　　　　B. 11　　　　C. 12　　　　D. 9

二、填空题

（1）若从键盘输入 58，则以下程序输出的结果是____________。

```
main()
{ int  a;
   scanf("%d",&a);
   if(a>50)  printf("%d",a);
   if(a>40)  printf("%d",a);
   if(a>30)  printf("%d",a);
}
```

（2）如果运行以下程序段时输入字符为"t"，则程序段的运行结果是____________。

```
main()
   { char c1;
      scanf("%c", &c1);
      c1=(c1>='A'&&c1<='Z')? (c1+32):c1;
      c1=(c1>='a'&&c1<='z')? (c1-32):c1;
      printf("%c", c1);
 }
```

（3）以下程序的功能是找出 x、y、z 三个数中的最小值。请填空。

```
main()
{  int  x=4, y=5, z=8;
   int u, v;
   u=x<y? ________;
   v=u<z? ________;
   printf("%d", v);
}
```

（4）若运行以下程序时，输入下面指定数据，则运行结果为__________________。

```
#include "stdio.h"
void main()
{
     char ch;
```

```
        while((ch=getchar ())!='\n')
        {
              switch (ch-'1')
              {
                   case 0:
                   case 1: putchar(ch+3);
                   case 2: putchar(ch+3); break;
                   case 3: putchar(ch+3);
                   default: putchar(ch+2); break;
            }
        }
        printf("\n");
  }
```

输入数据（从第一列开始）：12345 <回车>

（5）将以下含有 switch 语句的程序段改写成对应的含有嵌套 if 语句的程序段，请填空。

含有 switch 语句的程序段：

```
  int s, t, m;
  t=(int)(s/10);
  switch(t)
  {
     case  10: m=5; break;
     case  9: m=4; break;
     case  8: m=3; break;
     case  7: m=2; break;
     case  6: m=1; break;
     default: m=0;
  }
```

含有嵌套 if 语句的程序段：

```
  int s, m;
  if(___________)  m=0;
  else if (s<70)  m=1;
  else if (s<80)  m=2;
  else if (s<90)  m=3;
  else if (s<100) m=4;
  ______________;
```

（6）请输入一个字符，如果它是一个大写字母，则把它变成小写字母；如果它是一个小写字母，则把它变成大写字母；其他字符不变。请填空。

```
  main()
  {  char ch1;
     scanf("%c", &ch1);
     if (_____________________________) ch1=ch1+32;
     else if (ch1>='a'&&ch1<='z') _______________;
     printf("%c", ch1);
  }
```

任务四

计算一名选手最后得分

任务描述

◆ 找出五个评委分数中的最高分和最低分，去掉之后计算平均分

学习要点

◆ 循环语句的三种基本形式
◆ 循环的嵌套使用
◆ 转移控制语句的使用技巧

学习目标

◆ 理解循环结构程序的流程图
◆ 熟练掌握循环语句 for 的使用方法
◆ 熟练掌握 while、do-while 语句的使用方法
◆ 掌握转移控制语句 break、continue 的使用方法

专业词汇

loop 循环	loop condition 循环条件		loop body 循环体
nested 嵌套	break 中止	continue 继续	goto 转向

【任务说明】针对一个选手，在屏幕上先将输入各评委的打分，要求找出五个评委分数中的最高分和最低分，去掉之后计算平均分。如图 4.1 所示。通过本任务，我们将熟悉循环语句的使用；另外来要求掌握循环语句的嵌套使用技巧。

【问题引入】输入五名评委对一名选手的打分，要求输出这名选手的最高分及最低分。

【问题分析】本任务中是针对一名选手，找出五个评委分数中的最高分和最低分，去掉之后计算平均分，这个可作为第一个子任务；可以对其进拓展成第二个子任务，求多名选手（假设有四名选手）的最后得分，就要用到循环的嵌套来实现。

评分1:99
评分2:96
评分3:97
评分4:94
评分5:98
去掉最高分:99，去掉最低分:94
选手最后得分:97.00

图 4.1　计算一名选手最后得分的程序的运行结果

任务 4.1　计算一名选手最后得分

问题情景

举办校园歌手大赛，给每一名选手输入五名评委的打分，按要求找出其中的最高分和最低分，去掉之后计算该名选手所得的平均分。

实现过程

【例 4.1】（假设有五名评委打分）

```
#include "stdio.h"
void main()
{
    int f,i,max=0,min=100,sum=0; /* f评分,i序号,max最高分,min最低分,sum总分 */
    float ave;
    for(i=1;i<=5;i++)
        {
            printf("\n评分%d:",i);     /* 提示输入打分 */
            scanf("%d",&f);            /* 输入评分 */
            sum=sum+f;                 /* 将得分计入总分 */
            if(f>max)
                max=f;                 /* 更新最高分 */
            if(f<min)
                min=f;                 /* 更新最低分 */
        }
        ave=(sum-max-min)/3.0;         /* 计算去掉最高分和最低分后的平均分 */
    printf("\n去掉最高分:%d，去掉最低分:%d\n选手最后得分:%.2f\n",max,min,ave);
    getch();
}
```

程序运行结果如图 4.1 所示。

在本任务中要掌握的是：循环语句的使用。

相关知识

4.1.1 for 语句

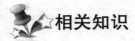

从程序流程的角度来看，程序可以分为三种基本结构，即顺序结构、选择结构、循环结构。这三种基本结构可以组成所有的各种复杂程序。C 语言提供了多种语句来实现这些程序结构。

循环结构是程序中一种很重要的结构。其特点是，在给定条件成立时，反复执行某程序段，直到条件不成立为止。给定的条件称为循环条件，反复执行的程序段称为循环体。C 语言提供了多种循环语句，可以组成各种不同形式的循环结构。for 语句是 C 语言所提供的功能较强，使用较广泛的一种循环语句。

1. for 语句的一般形式

```
for(表达式1; 表达式2; 表达3)
          语句;
```

其中：

① 语句。称为循环体语句。

② 表达式 1。通常用来给循环变量赋初值，一般是赋值表达式，也允许在 for 语句外给循环变量赋初值，此时可以省略该表达式。

③ 表达式 2。通常是循环条件，一般为关系表达式或逻辑表达式。

④ 表达式 3。通常可用来修改循环变量的值，一般是赋值语句。

这三个表达式都可以是逗号表达式，即每个表达式都可由多个表达式组成。三个表达式都是任选项，都可以省略。

for 语句的语义是：

① 首先计算表达式 1 的值。

② 再计算表达式 2 的值，若值为真（非 0）则执行循环体一次，否则跳出循环。

③ 然后计算表达式 3 的值，转回第②步重复执行。在整个 for 循环过程中，表达式 1 只计算一次，表达式 2 和表达式 3 则可能计算多次。循环体可能多次执行，也可能一次都不执行。for 语句的执行过程如图 4.2 所示。

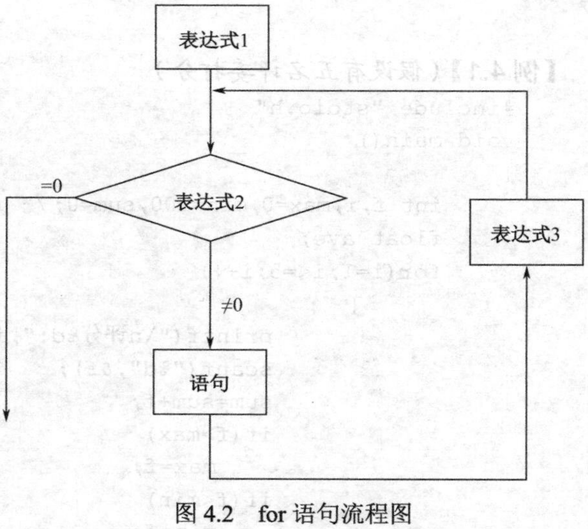

图 4.2 for 语句流程图

【例 4.2】用 for 语句计算 s=1+2+3+……+99+100

```
#include "stdio.h"
void main()
     {   int n, s=0;
         for(n=1; n<=100; n++)
```

```
            s+= n;
        printf("s=%d\n", s);
    }
```

【说明】

此程序首先设置一个累加器 s，其初值为 0，利用 s += n 来计算（n 依次取 1、2、……、100），只要解决以下 3 个问题即可：

① 将 n 的初值置为 1；

② 每执行 1 次“s+= n”后，n 增 1；

③ 当 n 增到 101 时，停止计算。此时，s 的值就是 1 ~ 100 的累计和。

另外，本程序 for 语句中的表达式 3 为 n++，实际上也是一种赋值语句，相当于 n=n+1，以改变循环变量的值。

2. for 语句使用注意事项

（1）for 语句中的各表达式都可省略，但分号间隔符不能少。

如：

```
for(; 表达式2; 表达式3)省去了表达式1。
for(表达式1; ; 表达式3)省去了表达式2。
for(表达式1; 表达式2; )省去了表达式3。
for(; ; )省去了全部表达式。
```

（2）在循环变量已赋初值时，可省去表达式 1。

（3）如省去表达式 2 或表达式 3，则将造成无限循环，这时应在循环体内设法结束循环。

（4）循环体可以是空语句，空语句即什么操作也不执行。

```
for(i=0;i<10;i++) ;
```

【例 4.3】分析以下程序代码的功能。

```
#include "stdio.h"
void main()
{    int a=0, n;
  printf("\n input n: ");
  scanf("%d", &n);
  for(; n>0; a++, n--)
     printf("%d ", a*2);
}
```

【说明】

本程序的 for 语句中，表达式 1 已省去，循环变量的初值在 for 语句之前由 scanf 语句取得，表达式 3 是一个逗号表达式，由 a++，n--两个表达式组成。每循环一次 a 自增 1，n 自减 1。a 的变化使输出的偶数递增，n 的变化控制循环次数。

【例 4.4】输出 1～50 中所有的偶数，并计算它们的和。

```
#include"stdio.h"
void main()
{    int i,s=0;
```

```
        for(i=1;i<=50;i++)
            if(i%2==0)                           /*判断是否为偶数*/
              {  printf("%4d",i);         /*输出偶数*/
                 s=s+i;                          /*计算和*/
              }
        printf("\ns=%d\n",s);
    }
```

【说明】

判断 i 是否为偶数的条件是 i%2==0，只有满足该条件的数才能输出并计算累加和。

【例 4.5】改写从 0 开始，输出 n 个连续的偶数。

```
#include "stdio.h"
void main()
{   int a=0, n;
    printf("\n input n: ");
    scanf("%d", &n);
    for( ; ; )
    {   printf("%d ", a*2);
        a++;
        n--;
        if(n==0)break;
    }
}
```

【说明】

本程序中 for 语句的表达式全部省去。由循环体中的语句实现循环变量的递减和循环条件的判断。当 n 值为 0 时，由 break 语句中止循环，转去执行 for 以后的程序。在此情况下，for 语句已等效于 while(1)语句。如在循环体中没有相应的控制手段，则造成死循环。

【例 4.6】分析下列程序所实现的功能。

```
#include "stdio.h"
void main()
{   int n=0;
    printf("input a string:\n");
    for(; getchar()!='\n'; n++);
    printf("%d", n);
}
```

【说明】

本程序中，省去了 for 语句的表达式 1，表达式 3 也不是用来修改循环变量，而是用作输入字符的计数。这样，就把本应在循环体中完成的计数放在表达式中完成了。因此循环体是空语句。

应注意的是，空语句后的分号不可少，如缺少此分号，则把后面的 printf 语句当成循环体来执行。反过来说，如循环体不为空语句时，不能在表达式的括号后加分号，这样又会认为循环体是空语句而不能反复执行。这些都是编程中常见的错误，要十分注意。

4.1.2　while 语句

1. while 语句的一般形式

while 语句的一般形式为：

```
while(表达式)  语句;
```

其中：表达式是循环条件，语句为循环体。while 语句的语义是：先计算表达式的值，当值为真（非 0）时，执行循环体语句。其执行过程如图 4.3 所示。while 语句最大的特点是：先判断后执行。

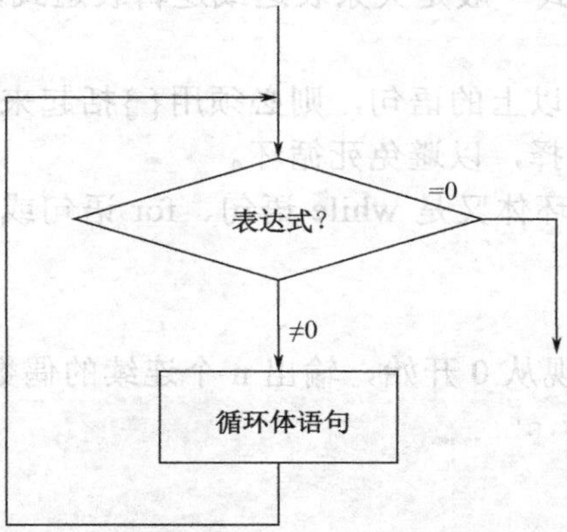

图 4.3　while 语句流程图

【例 4.7】用 while 语句计算 s=1+2+3+……+99+100

```
#include "stdio.h"
void main()
{  int n=1, s=0;
   while(n<=100)
       {  s=s+n;
          n++;
       }
    printf("s=%d\n", s);
}
```

【说明】

本程序 while 语句的循环体为 s=s+n 和 n++组成的复合语句，因此要用{}包括起来。试与 for 语句的实现程序进行对比分析。

【例 4.8】统计从键盘输入一行字符的个数。

```
#include "stdio.h"
void main()
{
     int n=0;
     printf("input a string:\n");
```

```
        while(getchar() != '\n')   n++;     /*统计输入字符的个数*/
        printf("%d", n);
    }
```

【说明】

本程序中的循环条件为 getchar()!='\n'，其意义是：只要从键盘输入的字符不是回车就继续循环。循环体 n++完成对输入字符个数的计数。从而程序实现了对输入一行字符的字符个数的计数。

2. 使用 while 语句的注意事项

（1）while 语句中的表达式一般是关系表达或逻辑表达式，只要表达式的值为真(非0)即可继续循环。

（2）循环体如包括有一个以上的语句，则必须用{ }括起来，组成复合语句。

（3）应注意循环条件的选择，以避免死循环。

（4）允许 while 语句的循环体又是 while 语句、for 语句或 do-while 语句，从而形成多重循环。

【例 4.9】用 while 语句实现从 0 开始，输出 n 个连续的偶数。

```
#include "stdio.h"
void main()
{   int a=0, n;
    printf("\n input n: ");
    scanf("%d", &n);
    while(n--)
        printf("%d ", a++*2);
}
```

【说明】

本程序将执行 n 次循环，每执行一次，n 值减 1，直到 n 的值为 0。循环体输出表达式 a++*2 的值，该表达式等效于(a*2，a++)。

【例 4.10】分析下列程序的输出结果。

```
#include "stdio.h"
void main()
{   int a, n=0;
    while(a=5)
        printf("%d ", n++);
}
```

【说明】

本例中 while 语句的循环条件为赋值表达式 a=5，因此该表达式的值永远为真（非 0），而循环体中又没有其他中止循环的手段，因此该循环将无休止地进行下去，形成无限的死循环，这时应在循环体内设法使用相关控制语句结束循环。

4.1.3　do-while 语句

C 语言中的循环除了 for 语句、while 语句，还有 do-while 语句。

1. do-while 语句的一般形式

do-while 语句的一般形式为：

```
do{
    语句;
}while(表达式);
```

其中：语句是循环体，表达式是循环条件。

do-while 语句的语义是：先执行循环体语句一次，再判别表达式的值，若为真（非 0）则继续循环，否则终止循环。其执行过程如图 4.4 所示。

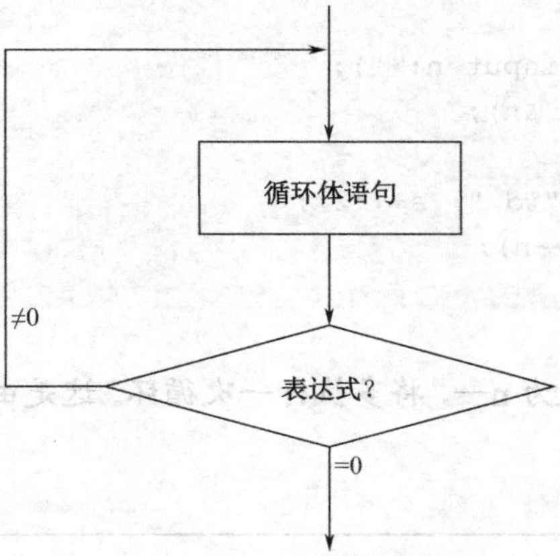

图 4.4　do-while 语句流程图

do-while 语句和 while 语句的区别在于 do-while 是先执行后判断，因此 do-while 至少要执行一次循环体。而 while 是先判断后执行，如果条件不满足，则一次循环体语句也不执行。while 语句和 do-while 语句一般都可以相互改写。

【例 4.11】用 do-while 语句计算 s=1+2+3+……+99+100

```
#include "stdio.h"
void main()
{   int n=1, s=0;
    do{
        s=s+n;
        n++;
        } while(n<=100);
    printf("s=%d\n", s);
}
```

【说明】

本程序 do-while 语句的循环体为 s=s+n 和 n++组成的复合语句，因此也要用{}包括起来，注意 while 条件后必须有分号。试与 for 语句和 while 语句的实现程序进行对比分析。

2. 使用 do-while 语句的注意事项

（1）do-while 语句中的表达式一般是关系表达或逻辑表达式，只要表达式的值为真（非0）即可继续循环。

（2）循环体如包括有一个以上的语句，则必须用{ }括起来，组成复合语句。

（3）应注意循环条件的选择，以避免死循环。

（4）允许 do-while 语句的循环体又是 while 语句、for 语句或 do-while 语句，从而形成多重循环。

【例 4.12】 用 do-while 语句实现从 0 开始，输出 n 个连续的偶数。

```
#include "stdio.h"
void main()
{   int a=0, n;
    printf("\n input n: ");
    scanf("%d", &n);
    do{
        printf("%d ", a++*2);
      }while (--n);
}
```

【说明】

在本程序中，循环条件若改为 n--，将多执行一次循环。这是由于先执行后判断而造成的。

4.1.4 break 语句

break 语句的一般形式为：

```
break;
```

break 语句一般用在 switch 语句或循环语句中，其作用是跳出 switch 语句或跳出本层循环，转去执行后面的程序。由于 break 语句的转移方向是明确的，所以不需要语句标号与之配合。

【例 4.13】 输入一个整数，判断该数是否为素数（质数）。

```
#include "stdio.h"
void main()
{   int i, n;
    scanf("%d", &n);
    for(i=2; i<n; i++)
        if(n%i==0) break;
    if(i==n)  printf("YES!");
    else printf("NO!");
}
```

【说明】

素数（质数）是只能被 1 和自身整除的数。求素数的思路就是：在 2 到 n-1 之间去寻找，能否找到一个数 i（2≤i≤n-1），它能被 n 整除，如果找到了，表明该数不是素数，如果没有找到，表明该数是素数。即通过循环从 2 开始，对所输入的数进行求余，如果遇到能满足被整除，就执行 break 语句，即结束循环，这种方法称作穷举法。然后通过判断循环的终点 i 值是否与 n 相等，如果相等，这个数就是素数，否则就不是。

4.1.5 continue 语句

continue 语句一般只能用在循环体中，一般格式是：

```
continue;
```

语义是：结束本次循环，即不再执行循环体中 continue 语句之后的语句，转入下一次循环条件的判断与执行。应注意的是，本语句只结束本层本次的循环，并不跳出循环。

【例 4.14】输出 100 以内能被 7 整除的数。

```
#include "stdio.h"
void main()
{   int n;
    for(n=7; n<=100; n++)
    {
        if(n%7!=0)
            continue;
        printf("%d ", n);
    }
}
```

【说明】

本程序中，对 7 ~ 100 的每一个数进行测试，如该数不能被 7 整除，即求余运算不为 0，则由 continue 语句转去下一次循环。只有求余运算为 0 时，才能执行后面的 printf 语句，输出能被 7 整除的数。

【例 4.15】打印 100 以内个位数为 6 且能被 3 整除的所有数。

```
#include "stdio.h"
void main()
{   int i, j;
    for(i=0; i<=9; i++)
    {   j=i*10+6;
        if(j%3!=0)
            continue;
        printf("%d ", j);
    }
}
```

【说明】

本程序中有两个条件：个位数为 6 和被 3 整除，我们可先设定满足第一个条件，然后用穷举法来求同时满足第二个条件的所有数，并进行输出。

任务 4.2 计算多名选手最后得分

问题情景

举办校园歌手大赛，共有四名选手参赛，五名评委分别对每一名选手进行打分，要求针对每一名选手去掉最高分和最低分后，计算所得的平均分，并按要求输出。

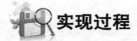

实现过程

方法一：用 for 循环嵌套 for 循环来实现

【例 4.16】

```
#include "stdio.h"
void main()
{
      int f,i, max, min, sum=0,j; /*增加 j，为外部循环变量 */
      float ave;
      for(j=1;j<=4;j++)
      { sum=0; max=0;min=100; /* 针对每名新选手总分及最大与最小值提前回零 */
        printf("\n请输入各评委对第%d名选手的打分:\n",j);
        /* 提示对第j名选手输入打分 */
       for(i=1;i<=5;i++)
        {
            printf("\n评分%d:",i);
            scanf("%d",&f);
            sum=sum+f;                 /* 将得分计入总分 */
            if(f>max)
                max=f;                 /* 更新最高分 */
            if(f<min)
                min=f;                 /* 更新最低分 */
        }
        ave=(sum-max-min)/3.0;
       printf("\n第%d名选手：去掉最高分:%d，去掉最低分:%d，最后得分:
                %.2f\n",j,max,min,ave);
     }
 getch();
}
```

程序运行结果如图 4.5 所示。

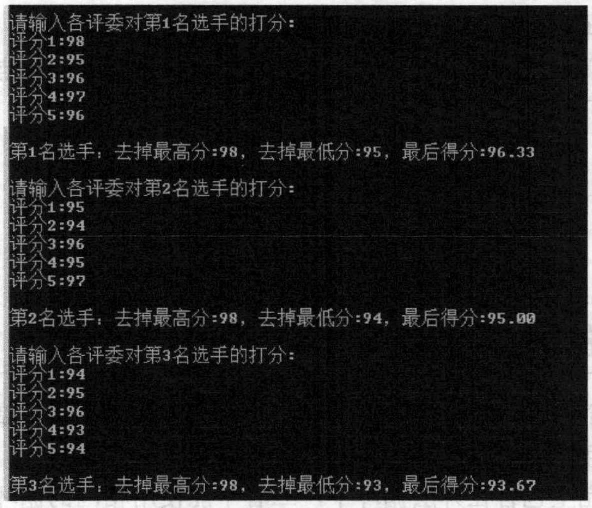

图 4.5　计算多名选手最后得分的程序运行结果

方法二：用 while 循环嵌套 for 循环来实现

【例 4.17】

```
#include "stdio.h"
void main()
{
 int f,i,max=0,min=100,sum=0,j; /* 增加j，为外部循环变量 */
   float ave;
   j=1;                          /*给j赋初值 */
   while(j<=4)
    { sum=0;                     /* 针对每名新选手总分提前回零 */
     printf("\n请输入各评委对第%d名选手的打分:\n",j);
                                 /* 提示对第j名选手输入打分 */
     for(i=1;i<=5;i++)
      {
         printf("\n评分%d:",i);
         scanf("%d",&f);
         sum=sum+f;              /* 将得分计入总分 */
         if(f>max)
            max=f;               /* 更新最高分 */
         if(f<min)
            min=f;               /* 更新最低分 */
     }
      ave=(sum-max-min)/3.0;
     printf("\n第%d名选手：去掉最高分:%d，去掉最低分:%d，最后得分:
            %.2f\n",j,max,min,ave);
     j++;
    }
  getch();
}
```

程序运行结果如图 4.5 所示。

从上面两种方法的实现过程可分析出，在本任务中，要掌握的知识点是：

- for 循环的嵌套用法。
- for 循环与 while 及 do-while 的相互嵌套使用。

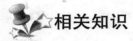

相关知识

4.2.1 for 语句的嵌套

循环的嵌套：指一个循环的循环体中包含了另一个循环，构成多重循环。

使用嵌套循环时应注意以下几点：

（1）内层循环必须完全包含在外层循环中，二者不能使用相同的循环变量。

（2）循环嵌套的层数没有限制，但层数太多，可读性变差。

（3）为了使嵌套的层次关系清晰明了，建议采用缩排格式书写程序。

【例 4.18】 for 的二重循环的使用：打印 6 以内的乘法表。

```
#include "stdio.h"
void main()
{
    int i, j;
    for(i＝1; i<=6; i＋＋)
    {
        for(j＝1; j<=i; j＋＋)
            printf("%d*%d=%2d  ", i, j, i*j);
        printf("\n");
    }
}
```

【说明】

程序的执行过程是：

① 先对外层循环的循环变量 i 赋初值 1。由于循环条件成立，执行外层循环的循环体，即进入内层循环；

② 在内层循环中，同样先对内层循环的循环变量 j 赋初值 1，这时循环条件也成立，于是执行内层循环的循环体，即显示 1*1=1;

③ 修改循环变量 j 的值，使 j=j + 1，并判断循环条件仍然成立，继续执行循环体，显示 1*2=2;

④ 重复执行③，依次得到 1*3=3，1*4=4 等，直到 j>6 时退出内层循环的循环体，执行 printf("\n")（注意，printf("\n")是外层循环的循环体，而不是内层循环的循环体），然后第二次进入外层循环（即 i=2）。由于 i<=6 成立，于是又进入内层循环，内层循环变量 j 重新初始化为 1，显示 2*1=2;

⑤ 如此反复，每一轮外层循环，都要重复执行内层循环 6 次，直到外层循环终止时，内

层循环的循环体 printf("%d*%d=%2d", i, j, i*j)共被执行 1+2+…+6=21 次，而 printf("\n")只是外层循环的循环体的一部分，共被执行 6 次。

如果将程序中的内外层循环终止条件改成 9，就可以打印九九乘法表。

【例 4.19】for 的三重循环的使用：寻找水仙花数，即它是一个三位数，并且该数的各位数字的立方和正好等于它本身。例如：$153=1^3+5^3+3^3$ 所以，153 就是满足条件的三位数。

分析：设所求的三位数，其百位数字是 i，十位数字是 j，个位数字是 k，显然应满足：i*i*i+j*j*j+k*k*k=100*i+10*j+k。

【程序代码】

```
#include "stdio.h"
void main()
{
    int i, j, k;
    for(i=1; i<=9; i++)
        for(j=0; j<=9; j++)
            for(k=0; k<=9; k++)
                if(i*i*i+j*j*j+k*k*k==100*i+10*j+k)
                    printf("%d   ", 100*i+10*j+k);
}
```

【说明】

程序运行结果为：153　370　371　407

4.2.2　循环语句之间的相互嵌套

以下结构都是合法的嵌套结构。

```
(1)for()
 { …
     while()
      {…}
     …
 }
```

```
(2)do{
     …
    for()
     {…}
     …
 }while();
```

```
(3)while()
  {  …
    for()
     {…}
     …
  }
```

```
(4)for()
 {  …
    for()
     {…}
     …
 }
```

【思考】

读者可参照例 4.16 及例 4.17 的两种方法，编写出其他相互嵌套的方法。

任务 4.3 知识扩展

在前面两个子任务中介绍循环的三种语句及嵌套的使用方法，下面通过例子来巩固前面所学的知识。

4.3.1 程序应用

【例 4.20】 设 $S=1+1/2+1/3+\ldots 1/n$，n 为正整数，求使 S 不超过 6（$S\leqslant 6$）的最大的 n。

【分析】

这是一个求累加和的程序，最基本的运算仍然是 s=s+t，只不过 t 的值是一个真分数。除了第一项是 1，后面的每一个加数都是一个真分数，为了使和达到 6，因此，我们应设一个实型的变量 s，用来存放和，每一项加数中的分子都使用 1.0。

【程序代码】

```
#include"stdio.h"
void main()
{
    float s=1.0;
    int n=1;
    do
        {  n=n+1;
           s=s+1.0/n;
        } while(s<=6.0);
        printf("%d", n-1);
}
```

【例 4.21】 输出 100 以内的素数。

【分析】

要输出 100 以内的素数，需要利用到 for 循环的嵌套，即有两层 for 语句。第一层循环表示对 1～100 这 100 个数逐个判断是否是素数，共循环 100 次，在第二层循环中则对数 n 用 2～n-1 逐个去除，若某次除尽则跳出该层循环，说明不是素数。如果在所有的数都是未除尽的情况下结束循环，则为素数，此时有 i>=n，故可经此判断后输出素数。然后转入下一次大循环。

【程序代码】

```
#include "stdio.h"
void main()
{
    int n, i;
    for(n=2; n<=100; n++)
    {
        for(i=2; i<n; i++)
```

```
            if(n%i==0)   break;
        if(i>=n)    printf("%d\t ", n);
    }
}
```

【说明】

由上述代码可知，实际上，2 以上的所有偶数均不是素数，因此可以使循环变量的步长值改为 2，即每次增加 2，此外只需对数 n 用 2～ $\sqrt{n}$ 去除就可判断该数是否为素数。这样将大大减少循环次数，减少程序运行时间。程序代码修改如下：

```
#include "stdio.h"
#include"math.h"
void main()
{
    int n, i, k;
    printf("2\t");                          /*2是素数*/
    for(n=3; n<=100; n+=2)
    {
        k=sqrt(n);                          /*求某数平方根的函数*/
        for(i=2; i<=k; i++)
            if(n%i==0)  break;
        if(i>k) printf("%d\t ", n);
    }
}
```

【例 4.22】某班进行了一次考试，现要输入全班四个小组（每个小组 10 人）的学生成绩，并计算每个小组的总分与平均分，按要求输出。

【分析】

首先解决的问题是如何求一个小组学生成绩的总分及平均分。若现在一个班中有四个小组，则求出每个小组的学生成绩的总分及平均分，也就是将此任务重复四次，这样就用到嵌套循环。

【程序代码】

```
#include "stdio.h"
void main()
{
    int score, i, sum, j=1;
    float avg;
    while(j<=4)
        {
        sum=0; i=1;
        printf("请输入第%d小组学生成绩：", j);
        while(i<=10)
        {
            scanf("%d", &score);
            sum=sum+score;
            i++;
```

```
            }
            avg=sum/10.0;
            printf("本小组10个学生的总分为：%d\n", sum);
            printf("本小组10个学生的平均分为：%.2f\n", avg);
            j++;
        }
    }
```

【说明】

此程序中使用的是 while 语句嵌套 while 语句来实现的，也可改用其他循环结构相互嵌套来完成。请读者思考。

4.3.2 动手试试

针对如下各知识点，先对程序代码进行分析，查看各程序输出结果是什么？然后上机运行该程序看实际结果与你分析的有无不同，如有不同，请找出原因。

1. for 循环的使用

```
#include "stdio.h"
void main()
{     int i, t=1, s=0;
       for(i=1; i<=101; i+=2)
         {
           t=i; s=s+t; s-=(i+=2);
         }
           printf("s=%d", s);
}
```

2. while 循环的使用

```
#include "stdio.h"
void main()
{
     int x=15;
     while(x>10&&x<50)
     {
         x++;
         if(x/3){x++; break; }
         else continue;
     }
     printf("%d\n", x);
}
```

3. 转移控制语句的应用

```
#include "stdio.h"
void main()
{
```

```
        int j=5;
        while (j<=15)
            if (++j%2!=1) continue;
            else printf ("%d  ", j);
        printf ("\n");
    }
```

4. 循环嵌套的应用

```
#include "stdio.h"
void main()
{
        int i, j;
        for(i=4; i>=1; i--)
        {
            for (j=1; j<=i; j++)putchar('#');
            for (j=1; j<=4; j++)putchar('*');
            putchar('\n');
        }
}
```

实训 4 计算一名选手的最后得分

一、实训目的

- 熟练掌握循环语句 for 的使用方法。
- 熟练掌握循环语句 while 的使用方法。
- 熟练掌握循环语句 do-while 的使用方法。
- 掌握转移控制语句 break、continue 的使用方法。

二、实训内容

1. 验证任务四中的例题。学习并总结各种循环语句的使用方法。

2. 编程：

（1）用 for 语句实现计算 s=1+2+3+……+99+100

（2）用 while 语句实现计算 s=1+2+3+……+99+100

（3）用 do-while 语句实现计算 s=1+2+3+……+99+100

3. 编程：打印 9*9 乘法表（for 的二重循环的使用）。

4. 编程：在五个评分的评分中去掉一个最高分和一个最低分，计算一名选手的最后得分（总分和平均分）。

5. 调试程序：（即程序有问题，需要修改）

（1）下面程序的功能是计算 n!（其中 0<n<17）。

```
        main( )
```

```
      {  int i,n,s=1;
         printf("Please enter n:");
         scanf("%f",&n);
         for(i=1;i<n;i++)
           s=s*i;
        printf("%d!=%d",n,s);
      }
```

（2）计算 SUM。公式为：SUM=1+1/2+1/3+……+1/n

```
main()
 { int t,s,i,n;
   scanf("%d",&n);
   for(i=1;i<=n;i++)
        t=1/i;
        s=s+t;
   printf("s=%f\n",s);
 }
```

习 题 4

一、选择题

（1）分析下列程序段中内循环共执行的次数是（　　）。

```
int i, j;
for(i=4; i>0; i--)
  for(j=0; j<5; j++)
  { … }
```

A. 10　　B. 20　　C. 30　　D. 28

（2）下列 for 循环的循环次数是（　　）。

```
int i=0,j;
for  (j=3; i=j=7; i++, j++) printf ("hello");
```

A. 1 次　　B. 5 次　　C. 10 次　　D. 无限次

（3）下列 for 循环的循环次数是（　　）。

```
int i=0,j;
for  (j=3; i=j=0; i++, j++) printf ("hello");
```

A. 0 次　　B. 5 次　　C. 1 次　　D. 无限次

（4）下列 for 循环的循环次数是（　　）。

```
int i, j;
for (i=j=0; !i||j<=5; j++) i++;
```

A. 1 次　　B. 5 次　　C. 6 次　　D. 无限次

（5）下列 while 循环的循环次数是（　　）。

```
int a=1, b=2;
while(a++<b) a- -;
```

A. 0 次　　B. 1 次　　C. 5 次　　D. 无限次

（6）下面程序段的运行结果是（　　）。

```
int n=0;
while( n++<=2 );
 printf("%d",n);
```

A. 3　　B. 4　　C. 012　　D. 123

（7）下面程序段的运行结果是（　　）。

```
int n=0;
 while( n++<=2 )printf("%d",n);
```

A. 3　　B. 4　　C. 012　　D. 123

（8）若 int a=5；则执行下列语句后打印的结果为（　　）。

```
do {
      printf ("%2d\n", ++a);
    } while (a);
```

A. 6　　B. 5

C. 不打印任何结果　　D. 陷入死循环

（9）若 int a=5；则执行下列语句后打印的结果为（　　）。

```
while (!a)
{ printf ("%2d\n", ++a); }
```

A. 5　　B. 9

C. 不打印任何结果　　D. 陷入死循环

（10）有以下程序：

```
#include "stdio.h"
main()
{  char c;
   while((c=getchar())!='?') putchar(c++);   }
```

程序运行时，如果从键盘输入：Y?N?<回车>，则输出结果为（　　）。

A. Y　　B. Z　　C. X　　D. YN

二、填空题

（1）若输入字符串：abcdef<回车>, 则以下 while 循环体将执行________次。

```
while((ch=getchar())= ='d') printf("**");
```

（2）以下语句中循环体的执行次数是_______。运行结束后，a=_______，b=_______。

```
a=10; b=0;
do{
    b+=2;
    a-=2+b;
  } while(a>=0);
```

（3）下面程序段的运行结果是________。

```
x=2;
do{
    printf (" * " );
    x--;
  } while (x!=0);
```

（4）下面程序段的运行结果是________。

```
i=1; a=0; s=1;
do{
    a=a+s*i;
    s=-s;
    i++;
  }while(i<=10);
printf("a=%d", a);
```

（5）下面程序段的运行结果是________。

```
main()
{
    int  i, sum;
    sum=0;
    for( i=1; i<= 9; i++)
    {
        if ( i % 2= =0)
            continue;
        sum=sum+i ;
    }
    printf("sum=%d", sum);
}
```

（6）下面程序段的运行结果是________。

```
main()
{  int i,j,k=0;
for  (i=2;i<4;i++)
   for(j=2;j<5;j++)
     ++k ;
printf("k=%d\n",k );
}
```

（7）以下程序中，while 语句的循环次数是________。

```
#include "stdio.h"
void main()
{   int i=0;
    while(i<10)
       {  if(i<1) continue;
          if(i==5) break;
          i++;
       }
    printf("%d", i);
 }
```

（8）下面程序的功能是打印 100 以内个位数为 6 且能被 3 整除的所有数，请填空。

```
main()
{ int i,j;
   for (i=0; _________ ; i++)
         { j=i*10+6;
             if(______________ )continue;
             printf("%d",j);
```

```
        }
    }
```

（9）下面程序的功能是计算 1-3+5-7…－99+101 的值，请填空。

```
    main()
      { int i,t=1,s=0;
        for(i=1; i<=101; i+=2)
            { ________; s=s+t; ________________;  }
      }
```

（10）下面程序的功能是用“辗转相除法”求两个正整数的最大公约数。请填空。

```
    #include "stdio.h"
    void main()
        {     int r, m, n;
              scanf("%d%d", &m, &n);
              if(m<n)________;
              r=m%n;
              while(r)
                  {
                    m=n; n=r; r=______;
                  }
             printf("%d\n", n);
        }
```

三、编程题

（1）用 do-while 语句实现输入一行字符，统计其中小写字母的个数。

（2）输入一行字符，统计其中大写字母、小写字母、数字字符及其他字符的个数。

（3）如果 0<n<17, 编程使之能正确地计算并输出 n!

（4）计算 s=1!+2!+3!+4!+……+10!

（5）输出 100 以内能够被 5 整除的数，要求每行输出 6 个数。

提示：每行输出 6 个数，设计一个计数器，对满足条件输出的数进行计数。

任务五

选手得分排序

任务描述

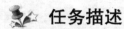

◆ 输入 10 位选手的最后得分，按分数由高到低排序后输出

学习要点

◆ 一维数组的定义和使用方法
◆ 一维数组的存储结构
◆ 一维数组的输入/输出及数组的应用

学习目标

◆ 掌握一维数组的定义和使用方法
◆ 掌握一维数组的存储结构
◆ 掌握一维数组的输入和输出
◆ 掌握选择法和冒泡法排序的程序设计

专业词汇

array　数组	array element　数组元素	length　长度
subscript　下标	slop over　出界	

【任务说明】 在这个任务中，我们用键盘输入 10 位选手的得分，程序运行结果按得分从高到低的顺序输出，如图 5.1 所示。

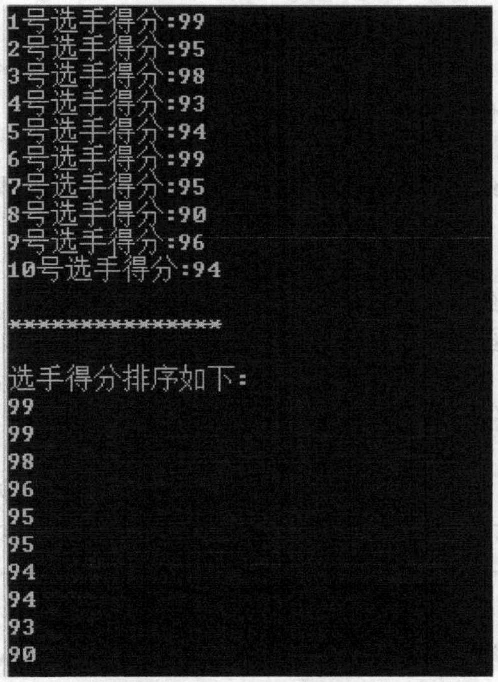
1号选手得分:99
2号选手得分:95
3号选手得分:98
4号选手得分:93
5号选手得分:94
6号选手得分:99
7号选手得分:95
8号选手得分:90
9号选手得分:96
10号选手得分:94
****
选手得分排序如下:
99
99
98
96
95
95
94
94
93
90

图 5.1　程序运行结果

任务 5.1　分析数据存储结构

首先，分析任务的数据结构。根据前面任务中学习到的知识，我们知道，10 个选手的得分，需要定义 10 个变量来处理，如果选手人数增加到 20 人，则需要定义 20 个变量。在实际应用中经常出现这样需要处理多个数据的问题，用普通变量来处理就很不方便了，在这个任务中我们学习新的知识，专门解决多数据的处理问题。

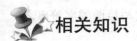

相关知识

5.1.1　一维数组的定义及引用

所谓数组（Array），是指相同类型数据的集合。让一组同一类型的数据共用一个变量名，而不需要为每一个数据都定义一个名字。每个数组在内存中占用一段连续的存储空间，极大方便了对数组中元素按照同一方式进行的各种操作。

1. 定义一维数组的一般形式

```
数据类型　数组名[常量表达式];
```

数组由数据类型、数组名称及常量表达式（长度（block length）、元素（array element）个数）三者共同描述。

【说明】

（1）数组名后面方括号中的常量表达式由常数或符号常数组成的表达式，由它规定该数组中可容纳的元素个数，其值必须为正，下标从 0 开始。例如：

```
int  a [10] ;
```

定义了一个一维整型数组 a，10 表示 a 数组有 10 个元素，这 10 个元素是：a[0],a[1],a[2] ……a[8],a[9]。

```
float b[3];
```

定义了一个一维实型数组 b，3 个元素依次为 b[0],b[1],b[2]。

（2）C 语言不允许对数组的大小作动态定义，即常量表达式中不能包含变量。例如：

```
int i=5;
int a[i];     /*数组长度为变量，编译出错*/
```

【说明】

命令，这也是 C 语言与其他高级语言的一个重要区别。预处理命令是 C 编译系统的一个重要组成部分。由于 C 语言允许在程序中使用某些特殊的命令，所以在编译之前需要首先对程序中这些特殊的命令进行预处理，然后将预处理的结果和源程序一起进行编译处理，得到最终的目标程序。

C 语言提供的预处理功能主要有：宏定义(define)、文件包含(include)，编译预处理命令以符号“#”开头。关于编译预处理命令的使用方法放在任务 8 中再做详细介绍。在本任务中，我们采用宏定义来提高程序的灵活性。

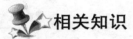

相关知识

宏定义(define)

宏定义是指用一个指定的宏名(macro)来代表一个字符串。在对源文件进行预处理时，用宏定义的字符串来代替每次出现的宏名。

宏定义的形式：

```
#define 标识符 字符串
```

其中，标识符是用户定义的，遵循 C 语言标识符的命名规则，要求它与后面的字符串之间用空格符分隔；字符串不能用双引号界定。

注意：宏定义不是语句，不能在末尾添加分号“;”。例如：

```
#define  NUM  50
#define  TRUE   1
#define  LEN  100; /*因添加“;”而出错，则LEN代表“100; ”这个字符串*/
```

【例 5.1】用宏定义符号常量来表示数组长度。

```
#include "stdio.h"
#define  N   20
main()
{
```

```
        int a[N];
    }
```

【说明】

（1）习惯上，宏定义名一般用大写，以区别一般关键字和其他变量。

（2）宏定义不是C语句，不能在最后加上分号作为结束符。如果加了分号，则在预编译处理时连分号一起进行替换。例如：

```
    #define N 20;
    int a[N];
```

经过预处理展开后，语句变为：

```
    int a[20; ];
```

显然是错误的。

2. 一维数组元素的引用

数组一经定义后，就可以在程序中使用，其引用形式如下：

```
    数组名[下标]
```

下标(subscript)可以是整型常量、整型变量和整型表达式。

例如：

```
    int n=5,a[20];
```

a[1]　　表示引用数组a中的第2个元素

a[n]　　表示引用数组a中的第6个元素

a[3*n]　表示引用数组a中的第16个元素

注意：C编译不检查下标是否“出界”(slop over)。上例中如果使用a[20]，编译时不指出“下标出界”的错误，因此，编程时要确保数组的下标值在允许范围之内。

若一个数组长度为n，其下标值范围是0～n−1。

5.1.2 一维数组的存储形式

数组一旦定义，编译程序就会为每个数组安排一片连续的存储单元来依次存放数组的各个元素。数组名就是这一片存储单元的首地址。每个元素占用几个字节的存储单元，取决于数组的数据类型，同一个数组的各个元素占用相同数量的存储单元。例如，整型数组a[10]，a数组中每个元素在内存中占2个字节的存储空间，各元素连续存放的示意图如图5.2所示。

a

a[0]	a[1]	a[2]	a[3]	a[4]	a[5]	a[6]	a[7]	a[8]	a[9]

图5.2　数组a在内存的存储形式

浮点型数组b[3]中每个元素在内存中占4个字节的存储空间，如图5.3所示。

b

b[0]	b[1]	b[2]

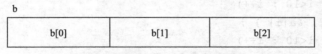

图5.3　数组b在内存的存储形式

任务 5.2　选手得分的输入/输出

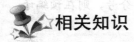

相关知识

5.2.1　一维数组的初始化

定义数组时对各元素给定初始值，称为数组的初始化。

（1）对全部数组元素初始化，例如：

```
int a[10]={1, 2, 3, 4, 5, 6, 7, 8, 9, 10};
float b[3]={1.5, 3.5, 5.5};
```

编译时，编译系统会自动地从第一个元素开始，将花括号中的常数顺序存放在各个数组元素的存储单元中。即 a[0]=1，a[1]=2，a[2]=3，…，a[9]=10；b[0]=1.5，b[1]=3.5，b[2]=5.5。

（2）对部分数组元素初始化，例如：

```
int a[10]={1, 2, 3};
```

未初始化的元素自动为 0。

（3）对全部数组元素初始化，可不指定长度。例如：

```
int  a[ ]={1, 2, 3, 4, 5, 6, 7, 8, 9, 10} ;
```

系统会根据花括号内数据的总个数，自动定义数组的长度。

即等价于：

```
int a[10]={1, 2, 3, 4, 5, 6, 7, 8, 9, 10};
```

（4）当花括号中给出初值的个数多于定义的数组元素个数时，将出错。

5.2.2　一维数组元素赋值

数组的赋值只能逐个对数组元素赋值，不能直接对数组名赋值。因数组在内存占一片连续的存储空间，可用循环语句处理数组。例如，定义了 int a[5]，要将 100，200，300，400，500 存入数组 a 中，可用如下程序段实现：

```
for (i=0; i<5;i++)
  a[i]=(i+1)*100;
```

5.2.3　一维数组的输入/输出

同样用循环语句实现对数组元素逐个输入和输出。

```
int  a[10], i ;
for ( i =0 ; i<10 ; i++)
  scanf("%d", &a[i] ) ;
for ( i =0 ; i<10 ; i++)
  printf("%5d", a[i] ) ;
```

【例 5.2】计算 10 个学生成绩的平均分，并找出最高成绩分。

设一个变量 s，先作累加器，然后用于存放最高成绩分。

【程序代码】

```
    #include "stdio.h"
    #define N  10
    main()
     { int i, x[N], s=0;
        for( i=0; i<N; i++)                          /* 输入10个学生的成绩并求和 */
            { scanf("%d",&x[i]);
                s+=x[i];
            }
        printf("平均分=%.2f\n", (float)s/N); /*思考：为什么要添加(float)?*/
        s=x[0];
        for( i=1; i<N; i++)                          /* 查找最高分的学生 */
          if(x[i]>s) s=x[i];
        printf("最高分=%d\n", s);
     }
```

任务 5.3　选手得分排序

5.3.1　冒泡法排序

【例 5.3】输入 5 个学生成绩，用冒泡法按从高到低的顺序全部输出。

将学生成绩按从高到低的排列，就要进行排序，排序的方法很多，在此用“冒泡法”排序。冒泡法的思路是：将相邻两个数比较，将大的调到前头（如图 5.4 所示）。

数组元素	输入数据	第一轮				第二轮	第三轮	第四轮
		第 1 步	第 2 步	第 3 步	第 4 步			
a[0]	5	5	5	5	5	6	6	⑧
a[1]	2	2	6	6	6	5	8	⑥
a[2]	6	6	2	4	4	8	⑤	⑤
a[3]	4	4	4	2	8	④	④	④
a[4]	8	8	8	8	②	②	②	②

图 5.4　冒泡法排序示意图

过程：先将第一个数和第二个数进行比较，将大的调到前头。然后第二个数和第三个数进行比较，又将大的调到前头。以此类推，经过这一轮 4 次比较后，最小的数已沉到数组的最后。第二轮仍从第一个数开始，将相邻两个数比较，将大的调到前头，这一轮要进行 3 次比较，比较完成后，将找到次小的数，并将其放在数组倒数第二的位置上……以此类推。第 4

轮要做 1 次比较。最终将 5 个学生的成绩从高分到低分排序。

所以若有 N 个数据，则要做 N-1 轮的比较；第 i 轮要做 N－i 次比较。这样可采用两重循环实现，外循环控制轮数，内循环控制比较次数。

【程序代码】

```
#include "stdio.h"
#define N 5
 main()
 { int i,j, t, a[N];
   for( i=0; i<N; i++)
     scanf("%d",&a[i]);
   for( i=0; i<N-1; i++)
     for( j=0; j<N-1-i; j++)
        if(a[j]<a[j+1])                 /*将相邻两个数比较，大的调到前面*/
          { t=a[j];a[j]=a[j+1];a[j+1]=t; }
   printf("the sorted nembers:\n");
   for( i=0; i<N; i++)
     printf("%5d\n",a[i]);
 }
```

拓展练习

5.3.2 选择法排序

【问题】输入 10 名选手得分，用选择法按得分从高到低的顺序输出结果。

选择法的思路是：将数组第 1 元素中的数依次与后面每个数比较，将大的调到前头。经过一轮比较调换之后，数组第 1 个元素中存放的就是最大的数；第 2 轮用数组第 2 个元素中的数依次与后面每个数比较，将大的调到前头。经过这一轮比较调换之后，数组第 2 个元素中存放的就是第 2 大的数；以此类推，经过 N-1 轮比较，数组中的数完成从大到小的排序（如图 5.5 所示）。

数组元素	输入数据	第一轮				第二轮	第三轮	第四轮
		第 1 步	第 2 步	第 3 步	第 4 步			
a[0]	5	5	6	6	⑧	⑧	⑧	⑧
a[1]	2	2	2	2	2	⑥	⑥	⑥
a[2]	6	6	5	5	5	2	⑤	⑤
a[3]	4	4	4	4	4	4	2	④
a[4]	8	8	8	8	6	5	4	②

图 5.5　选择法排序示意图

实训 5 选手得分排序

一、实训目的

- 掌握一维数组的定义、赋值和输入/输出方法。
- 掌握一维数组排序的有关算法。

二、实训内容

1. 调试程序，使之具有如下功能：读入 20 个整数，统计非负数个数，并计算非负数之和。

```
main( )
{  int i,a[20],s,count;
   for(i=0;i<20;i++)
     scanf("%d",a[i]);
   for(i=0;i<20;i++)
     {  if(__________)
          ____________
          ____________
     }
   printf("s=%d\t,count=%d\n",s,count);
}
```

2. 调试程序：输入 9 个整数，按每行 3 个数输出这些整数，最后输出这 9 个整数的平均值。

```
main( )
{ int i,n,a[9],av;
   for(i=0;i<n;i++)
      scanf("%d",a[i]);
   for(i=0;i<n;i++)
      {  printf("%d",a[i]);
         if(i%3==0)
            printf("\n");
      }
   for(i=0;i!=n;i++)
      av+=a[i];
   printf("av=%f\n",av);
}
```

3. 在歌手大奖赛中，假设有 10 个评委，每个评委百分制评分，最后要去掉一个最高分求平均得出每个选手的最后得分，请编写程序按此规则求出 1 名选手的最后得分。

```
#
main()
{  int s[N] , i , score=0 , max ;
```

```
    printf("Please Input %d scores:\n",       );
      for(i=0; i<N ; i++)
    scanf("%d" , &s[i]);
      __________;
      for(      ; i<N ; i++)
            {  score+=s[i] ;
               if(              )
                  max=s[i] ;
            }
      printf("The Score:%.2f\n" ,                        );
  }
```

4. 输入 10 个歌手的得分，按从高到低的顺序输出（选择法或冒泡法）。

习 题 5

一、选择题

（1）在 C 语言中，定义数组时，数组长度的数据类型允许是（　　）。

A. 整型常量　　B. 整型表达式

C. 整型常量或整型表达式　　D. 任何类型的表达式

（2）以下对一维整型数组 a 的正确说明是（　　）。

A. int a(10);　　B. int n=10, a[n];

C. int n;　　D. int a[10];

```
scanf("%d", &n);
int a[n];
```

（3）若有定义：int a[10]，则对数组的正确引用是（　　）。

A. a[10]　　B. a[3.5]　　C. a(5)　　D. a[10-10]

（4）以下不能对一维数组 a 进行正确初始化的语句是（　　）。

A. int a[10]={0, 0, 0, 0, 0};　　B. int a[10]={};

C. int a[10]={0};　　D. int a[10]={10*1};

（5）若有以下定义

```
int a[ ]={1, 2, 3, 4, 5, 6, 7};
char c1='b', c2='2';
```

则数值为 4 的表达式是（　　）。

A. c2+2　　B. a[2]+2　　C. 'F'−c1　　D. a['5'−c2]

二、填空题

（1）未初始化的 int 类型数组，其各元素的值是__________，初始化时没有赋值的元素值是__________。

（2）下面程序的运行结果是__________。

```
main()
{int a[10]={10, 2, -13, 21, 11, 67, -78, 8, 90, -53};
 int i, x=0, y=0;
 for(i=0; i<10; i++)
   if(a[i] >0) x++;
   else y++;
 printf("%d,%d\n", x, y );
}
```

（3）下面程序的功能是：输入 50 个数，按逆序输出，请填空。

```
main()
{int a[50], i;
  for(i=0; i<50; i++)
       scanf("%d", &a[i]);
  for(________; i>=0; ________)
      printf("%4d",a[i]);
}
```

（4）以下程序的运行结果是__________。

```
main()
{ int a[]={1,2,3,4,5};
  char c='a';
  printf("%d",a[ 'c' - c]);
}
```

三、编程题

（1）求 Fibonacci 数列中前 20 个数。Fibonacci 数列的前两个数为 1、1，以后每一个数都是其前面两个数之和。Fibonacci 数列前面 n 个数为 1、1、2、3、5、8、13、…用数组存放数列的前 20 个数并输出（按一行 5 个数输出）。

（2）从键盘输入 10 个整数，存入数组 a，从数组 a 的第二个元素起，分别将后项减前项之差存入数组 b，按每行 3 个元素输出数组 b。

任务六

多名选手得分计算与排序

任务描述

◆ 输入每位选手的评委打分，按规则计算选手最后得分，并按分数由高到低排出名次

学习要点

◆ 二维数组的定义和使用方法
◆ 二维数据的存储结构
◆ 二维数据的输入输出及数组的应用

学习目标

◆ 掌握二维数组的定义和使用方法
◆ 掌握二维数组的存储结构
◆ 掌握二维数组的输入和输出

专业词汇

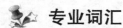

two-dimensional array　二维数组　　row　行　　line　列

【任务说明】在前面的任务中，我们学习了如何输入选手得分，如何找出最高分和最低分，如何计算一名选手去掉最高分和最低分之后的最后得分，在上一任务中，我们又学习了如何将选手得分按从高到低的顺序排出名次。在这一任务中，我们将前面所有任务的内容在一个程序中实现，程序运行结果如图 6.1 所示。

名次	序号	评分1	评分2	评分3	评分4	评分5	最高分	最低分	得分
1	2	93	96	99	99	97	99	93	292
2	1	97	94	90	96	95	97	90	285
3	3	93	95	96	92	90	96	90	280

图 6.1　程序运行结果

【任务分析】在这个任务中，我们需要存储的数据量很多，需要用到数组进行处理，但由于每一名选手都有序号、评委打分、最高分、最低分以及最后得分，如果有五名评委，每个选手就需要有 9 个数据需要处理和存储，假设 10 名选手，就一共有 90 个数据，如果使用一维数组进行处理，是很困难的，无法体现数据与选手之间的对应关系，为了解决这个问题，在这个任务中，我们需要使用二维数组。

任务 6.1　二维数组数据结构

如果说一位数组在逻辑上可以想象成一行长表或矢量，那么二维数组在逻辑上可以想象成是由若干行、若干列组成的表格或矩阵。

6.1.1　二维数组的定义及引用

1. 定义二维数组的一般形式

```
数据类型　数组名[常量表达式1][常量表达式2];
```

一般将常量表达式 1 称为行，把常量表达式 2 称为列。例如，要定义一个大小为 3 行 4 列的整型数组 b：

```
int b[3][4];
```

二维数组用［0］［0］作为第一个元素的下标。因此，二维整型数组 b 描述了如下的矩阵：

b[0][0]	b[0][1]	b[0][2]	b[0][3]
b[1][0]	b[1][1]	b[1][2]	b[1][3]
b[2][0]	b[2][1]	b[2][2]	b[0][3]

2. 二维数组元素的引用

二维数组定义后，引用形式：

```
数组名[行下标][列下标]
```

下标可以是整型常量、整型变量和整型表达式。

b[0][0]　表示引用数组 b 中的第 1 行第 1 列的元素

b[1][2]　表示引用数组 b 中的第 2 行第 3 列的元素

编程时也要确保二维数组的下标值在允许范围之内。

若一个二维数组行为 m，列为 n，其行下标值范围是 0～m-1，下标值范围是 0～n-1。

6.1.2　二维数组的存储形式

在 C 语言中，可以把二维数组看成是一种特殊的一维数组。

二维数组元素的存放顺序是，先按行的顺序，然后按列的顺序依次存放各个元素。

如：b[3][4]数组中每个元素在内存中占 2 个字节的存储空间，各元素连续存放的示意图如图 6.2 所示。

b[0][0]
b[0][1]
b[0][2]
b[0][3]
b[1][0]
b[1][1]
b[1][2]
b[0][3]
b[2][0]
b[2][1]
b[2][2]
b[2][3]

图 6.2　二维数组 b 在内存的存储形式

6.1.3　二维数组的使用

1. 二维数组的初始化

（1）分行对二维数组初始化，例如：

```
int  a[3][4]={ {1, 2, 3, 4} , {5, 6, 7, 8} , {9, 10, 11, 12} };
```

这种初始方法较直观，将第一个花括号内的数据赋给第一行的元素，第二个花括号内的数据赋给第二行的元素，……，即按行赋初值。

（2）按数组排列的顺序初始化，例如：

```
int  a [3] [4] ={1, 2, 3, 4, 5, 6, 7, 8, 9, 10, 11, 12};
```

按数组元素在内存的存储顺序赋初值，其效果与（1）相同，但数据较多时容易遗漏，不易检查。

（3）对全部数组元素初始化，可不指定行的长度。

```
int  a[] [4] ={1, 2, 3, 4, 5, 6, 7, 8, 9, 10, 11, 12};
```

系统会根据数据的总个数和列长度确定行长度。

```
即等价于int  a [3] [4] ={1, 2, 3, 4, 5, 6, 7, 8, 9, 10, 11, 12};
```

（4）对部分数组元素初始化，例如：

```
int  a [3] [4] ={{1, 2}, {0, 5}, {9}};
```

未初始化的元素自动为 0。与一维数组初始化类似，允许每行花括号内的初值个数少于每行中的数组元素个数，这时，每行中后面各行的元素也自动赋 0 值。

即：a[0][0]=1 a[0][1]=2 a[0][2]=0 a[0][3]=0

a[1][0]=0 a[1][1]=5 a[1][2]=0 a[1][3]=0

a[2][0]=9 a[2][1]=0 a[2][2]=0　a[2][3]=0

2. 二维数组的赋值

二维数组在逻辑上看成矩阵，在内存的存放是按先行后列的顺序依次存放各个元素。用二层循环语句处理数组，通常外循环控制行，内循环控制列。例如，定义 int a[3][4]，要将 0、1、2、3，1、2、3、4，2、3、4、5 依次存入数组 a 中，可用如下程序段实现：

```
    for (i=0; i<3;i++)
```

```
        for (j=0; j<4;j++)
          a[i][j]=i+j;
```

循环结束后各元素的值如下所示：

```
          a[0][0]=0 a[0][1]=1   a[0][2]=2   a[0][3]=3
          a[1][0]=1 a[1][1]=2   a[1][2]=3   a[1][3]=4
          a[2][0]=2 a[2][1]=3   a[2][2]=4   a[2][3]=5
```

3. 二维数组的输入/输出

同样用二重循环语句实现对数组元素按行逐个输入和输出。如下面程序段所示：

```
    int  b[3][4], i, j ;
    for ( i =0 ; i<3 ; i++)
    for ( j =0 ; j<4 ; j++)
       scanf("%d", &b[i][j]) ;
    for ( i =0 ; i<3 ; i++)
    for ( j =0 ; j<4 ; j++)
       printf("%5d", b[i][j] ) ;
```

也可以按列输入和输出，将内外循环的循环变量调换即可。

任务 6.2　二维数组的应用

【例 6.1】某班期末考试 5 门成绩，计算每人的平均成绩（设该班有 30 人），输出全班学生的考试成绩及平均成绩。

30 人 5 门成绩和平均成绩可用 30×6 的二维数组。

【程序代码】

```
    #include "stdio.h"
    #define M 30
    #define N 6
     main()
     { int i,j;
       float x[M][N], s;
       for( i=0; i<M; i++)
       {  printf("\n enter 5scores for no: %d\n", i+1);
          for( j=0,s=0; j<N-1; j++)
            { scanf("%f",&x[i][j]);
              s+=x[i][j];
            }
          x[i][j]=s/5;
       }
      for( i=0; i<M; i++)
         { printf("\n %d: ", i+1);
          for( j=0; j<N; j++)
               printf("%8.2f", x[i][j]);
           printf("\n");
```

```
        }
    }
```

【说明】

（1）二维数组元素的下标也是通过“&”运算符得到。

（2）二维数组操作时一般使用双重循环比较方便，外循环控制行，内循环控制列。

（3）二维数组中元素的行下标和列下标也都是从 0 开始。

（4）第一个两层循环中，内循环输入每个学生的 5 门成绩，并统计 5 门成绩，外循环计算学生的平均成绩。

【例 6.2】 编写程序，将一个二维数组行和列元素互换，存放到另一个二维数组中。

$$A=\begin{vmatrix}1 & 2\\3 & 4\\5 & 6\end{vmatrix} \qquad B=\begin{vmatrix}1 & 2 & 3\\4 & 5 & 6\end{vmatrix}$$

分析：二维数组行和列互换，就是指 i 行 j 列的元素，变成 j 行 i 列的元素。

【程序代码】

```
 #include "stdio.h"
void main()
   {
       int m, n, A[3][2]={1, 2, 3, 4, 5, 6}, B[2][3];
       printf("array A:\n");
       for(m=0; m<3; m++)                          /*处理行*/
       {
         for(n=0; n<2; n++)                        /*处理列*/
         {
           printf("%4d", A[m][n]);
           B[n][m]= A[m][n];                       /*将行列数据进行交换*/
         }
         printf("\n");
       }
       printf("array B:\n");
       for(m=0; m<2; m++)
       {
           for(n=0; n<3; n++)
              printf("%4d", B[m][n]);
           printf("\n");
       }
}
```

拓展练习

编写程序完成 10 名选手得分计算与排序，有 5 名评委，选手得分为去掉最高评分和最低评分之后的总和。

分析问题：

（1）10 名选手，在进行数组定义时，要考虑到每个选手需要存储计算的数据包括：选手序号、5 个评分、最高分、最低分、最后得分等共计 9 个数据。

（2）输入数据只需要输入 5 个评委的打分，最高分、最低分和最后得分是通过计算得出来的。

（3）排序计算中使用选手最后得分进行比较，可采用冒泡法或选择法进行排序，需要注意的是，如果需要交换次序，不能只交换最后得分，需要交换选手的所有数据，即是两行数据进行交换（可使用循环语句来实现）。

实训 6　多名选手得分计算与排序

一、实训目的

- 掌握二维数组的定义方法
- 掌握二维数组的输入/输出方法

二、实训内容

1. 编程：某班有 30 名学生，考试共 5 门课程，输入各门成绩，计算每人的总分，输出全班学生的各科成绩及总分。

2. 编程：输入 10 名选手的评分打分（每个选手有五个评分），去掉一个最高分和一个最低分，计算总分后按总分从高到低排序输出。

习 题 6

一、选择题

（1）以下能对二维数组 a 进行正确初始化的语句是（　　）。

A. int a[2][]={{1, 0, 1}, {5, 2, 3}};

B. int a[][3]={{1, 2, 3}, {4, 5, 6}};

C. int a[2][4]={{1, 2, 3}, {4, 5}, {6}};

D. int a[][3]={{1, 0,1}, {}, {1,1}};

（2）若二维数组 a 有 m 列，则计算任一元素 a[i][j]在数组中位置的公式为（　　）（设 a[0][0]位于数组的第一个位置上）。

A. i*m+j

B. j*m+i

C. i*m+j-1

D. i*m+j+1

（3）以下程序的输出结果是（　　）。

```
#include "stdio.h"
void main()
{
    int b[3][3]={0, 1, 2, 0, 1, 2, 0, 1, 2}, i, j, t=1;
    for(i=0; i<3; i++)
        for(j=i; j<=i; j++)
            t=t+b[i][j];
    printf("%d\n", t);
}
```

A. 3

B. 4

C. 1

D. 9

二、填空题

（1）若有定义：int a[3][4]={{1，2}，{0}，{4，6，8，10}}；则初始化后，a[1][2]的初值是________，a[2][1]的初值是________。

（2）下面程序输入 1 2 3 4 5 6 7 8 9，运行结果是______________。

```
#include "stdio.h"
main()
   {  int a[3][3], sum=0;
      int i, j;
      for(i=0; i<3; i++)
          for(j=0; j<3; j++)
              scanf("%d",&a[i][j]);
```

```
        for(i=0; i<3; i++)
            sum+=a[i][i];
        printf("The sum is %d\n", sum);
    }
```

三、编程

编写程序，求出一个 2×M 整型二维数组中最大元素的值。

任务七

处理选手姓名

任务描述

◆ 将选手姓名（拼音或英文）按字母顺序进行排列

学习要点

◆ 字符型数据
◆ 字符数组
◆ 字符串的输入和输出
◆ 字符串处理函数

学习目标

◆ 理解字符型数据的存储结构
◆ 掌握字符数组的定义和使用方法
◆ 掌握字符串的输入/输出
◆ 掌握常用的字符串处理函数

专业词汇

character　字符　string　字符串　character array　字符数组

【任务说明】在这个任务中，我们将开发一个简单的C语言程序，在屏幕上将选手姓名（拼音或英文）按字母顺序进行排列显示，如图7.1所示。通过这个任务，我们将熟悉字符型数据和字符数组；掌握字符串的输入和输出方法及常用的字符串处理函数。

【问题引入】现假设有5个参赛选手，要求按照字母顺序将选手的姓名排列显示。

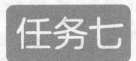

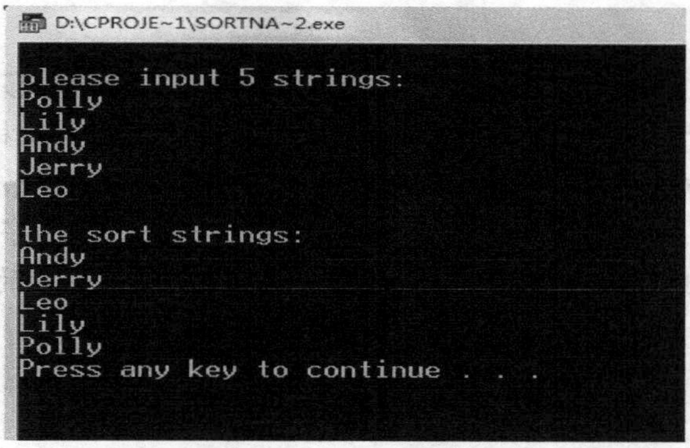

图 7.1 5 个参赛选手姓名排列效果

任务 7.1 认识字符型数据

7.1.1 字符常量

C 的字符常量是用单引号括起来的一个字符。C 语言中的字符常量有两种：

（1）普通字符。如：'a'，'s'等都是字符常量。注意，'a'和'A'是不同的字符常量。

（2）转义字符。特指以“\”开头的控制字符，表示将反斜杠（\）后面的字符转换成另外的意义。如：'\n'表示换行，常用转义字符如表 7.1 所示。

表 7.1 常用的转义字符及其含义

字符格式	ASCII 码值	含义	字符格式	ASCII 码值	含义
\0	0	空操作	\a	7	报警
\f	12	换页	\\	92	反斜杠字符
\t	9	横向跳格	\'	39	单引号字符
\b	8	退格	\"	34	双引号字符
\r	13	回车，将当前位置移至本行开头	\ddd		ASCII 码为 1～3 位八进制数 ddd 的字符
\n	10	换行，将当前位置移至下一行开头	\xhh		ASCII 码为 1～2 位十六进制数 hh 的字符

【例 7.1】转义字符的使用

```
main()
{
 printf("\ns\t x\101");
 printf("\nm\" \x42");
}
```

【说明】

程序中第一个 printf 函数原本在第一行左端开始输出，但遇到转移字符“\n”，换行，所以普通字符“s”在第二行左端输出；下面遇到“\t”，它的作用是横向跳格，即跳到下一个“制表位置”，我们所用的系统一个制表区占 8 列，“下一个制表位置”从第 9 列开始，故普通字符“x”与“s”之间相差 8 列；“\101”对应的是 ASCII 码值为 65 的字符，即“A”，故第一个 printf 函数的输出结果如下所示。请读者自行分析第二个 printf 函数的输出结果。

程序运行结果为：

```
s          xA
m"B
```

7.1.2 字符变量

字符变量用来存放字符常量，其定义格式如下：

```
char c1, c2;
```

它表示 c1 和 c2 为字符型变量，各自可以存放一个字符。在所有的编译系统中规定用一个字节来存放一个字符，即一个字符变量在内存中占一个字节。

【例 7.2】 写出以下程序的运行结果。

```
 main()
{
 char c1,c2;                     /*定义两个字符变量c1,c2*/
 c1='a'; c2='b';                 /*将'a','b'两个字符常量分别赋给字符变量c1,c2*/
 printf("\n %c    %c",c1,c2);    /*输出变量c1,c2中的字符*/
 printf("\n %d    %d",c1,c2);    /*输出变量c1,c2中字符的ASCII码值*/
}
```

【说明】

程序运行结果如下：

```
a          b
98         99
```

在上题中，字符变量存放的是字符的 ASCII 码（二进制形式的整数）。

【例 7.3】 对字符数据进行算术运算，实现将小写字母转换成大写字母并求出下一个字母。

```
main()
{
char c1,c2;                    /*定义字符变量c1,c2*/
   c1='a';                     /*将字符'a'赋值给变量c1*/
    c1=c1-32;                  /*小写字母的ASCII码比大写字母的ASCII码大32*/
    c2=c1+1;                   /*相邻字符的ASCII码差1*/
    printf("\n%c  %c",c1,c2);
    printf("\n%d  %d",c1,c2);
}
```

【说明】

程序运行结果如下：

A　B
65　66

特别提示：字符型数据与整型数据在 ASCII 码范围（0～255）内是通用的。

7.1.3　字符串常量

字符串常量是用双引号括起来的一串字符序列。如：

```
"How are you.", "CHINA", "0", ""（空串）
```

都是字符串常量。

注意：不要将字符常量与字符串常量混淆。'0'是字符常量，"0"是字符串常量，二者不同。那么二者究竟有什么区别？

C 语言规定：在每一个字符串的结尾加一个字符串结束标志'\0'，以便系统据此判断字符串是否结束。'\0'是一个 ASCII 码为 0 的字符。因此，每一个字符串占用内存的字节数等于字符串长度加 1，多出的一个字节用于存放字符串结束标志'\0'。'0'和"0"在内存中的存储方式如图 7.2 所示。

'0'	00110000	
"0"	00110000	00000000

图 7.2　单个字符和字符串在内存中的存储方式举例

在 C 语言中没有专门的字符串变量，如果想将一个字符串存放在变量中，必须使用字符数组，即用一个字符型数组来存放一个字符串，数组中每一个元素存放一个字符。

任务 7.2　认识字符数组

存放字符数据的数组称为字符数组，字符数组中每个元素只能存放一个字符。同其他类型的数组一样，字符数组既可以是一维的，也可以是多维的。

7.2.1　字符数组的定义和引用

字符数组的定义与数值数组相类似。

一维字符数组的定义形式：

```
char　数组名［常量表达式］；
```

二维字符数组的定义形式：

```
char　数组名［常量表达式1］［常量表达式2］；
```

例如：

```
char c[10];
char s[3][20];
```

则字符数组 c 可存放 10 个字符，每个字符占 1 个字节；或存放一个长度不大于 9 的字符串。而数组 s 可以存放 3 行、每行 20 个字符；或存放 3 个长度不大于 19 的字符串。

由于字符型和整型是互相通用的，因此也可以采用下面的定义：

```
int c[10];                    /*合法，但浪费存储空间*/
```

7.2.2 字符数组的初始化

1. 一维字符数组

（1）用字符常数初始化

即将逐个字符赋给数组中各元素。如：

```
char c[6]= {'C','h','i','n','a','\0'};
```

【说明】

① 如果花括弧中提供的初值个数（即字符个数）大于数组长度，则系统提示错误；

② 如果初值个数小于数组长度，则只将这些字符赋给数组中前面那些元素，其余元素自动定为空字符（即'\0'）。如：

```
char c[6]={'h','e','r'};
```

数组状态如图 7.3 所示。

h	e	r	\0	\0	\0

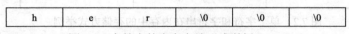

图 7.3　字符串的内存存储形式举例（1）

③ 如果初值个数与数组长度相同，则定义时可以省略数组长度，系统会自动根据初值个数确定数组长度。如：

```
char c[]={'C','h','i','n','a','\0'};
```

数组 c 的长度自动定义为 6。

（2）用字符串常量初始化

例如：

```
char c[]= {"China"};
char c[]= "China";
```

这时编译程序会自动在字符串的末尾增加一个'\0'字符。所以，用这种方式初始化时，一定要使所定义数组的大小至少比所赋的字符串长度多 1 个。如：

```
char c[6] ="China" ;
```

存储形式如图 7.4 所示。

C	h	i	n	a	\0

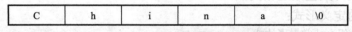

图 7.4　字符串的内存存储形式举例（2）

【练习】

【例 7.4】思考下列程序的运行结果。

```
main()
{
  char s1[]={'h','e','l','l','o'};
  char s2[]="hello";
  char s3[10]= {'h','e','l','l','o'};
  printf("%d\n",sizeof(s1));
  printf("%d\n",sizeof(s2));
  printf("%d\n",sizeof(s3));
}
```

2. 二维字符数组

二维字符数组可以看成是多个字符串构成的一维字符数组，每行存放的是一个字符串。因此，其初始化也有两种方式。

（1）用字符常数初始化。如：

```
char c[3][4]={{'H','o','w'},{'a','r','e'},{'y','o','u'}};
```

（2）用字符串常量初始化。如：

```
char c[3][4]={"How","are","you" };
```

两种方法结果一样，但显然第二种方式要比第一种简洁。

任务 7.3　字符串的输入和输出

C 语言中的字符串只能用字符数组来处理，所以字符串的输入和输出，即是字符数组的输入和输出，其方法有两种：

1. 逐个字符输入和输出

（1）用格式输入输出函数 scanf()和 printf()，采用格式符"%c"输入或输出一个字符。如【例 7.5】所示。

【例 7.5】

```
main()
{  int i;
   char a[3];
   for(i = 0;i<3;i++)
   scanf( "%c", &a[i]);
   for(i = 0;i<3;i++)
   printf("%c", a[i]);
}
```

（2）用字符输入输出函数 getchar()和 putchar()，每次输入或输出一个字符。如【例 7.5】可改为：

```
main()
{  int i;
    char a[3];
```

```
    for(i = 0;i<3;i++)
    a[i] = getchar();
    for(i = 0;i<3;i++)
    putchar(a[i]);
 }
```

2. 整体输入和输出

（1）用格式输入/输出函数 scanf()和 printf()，采用格式符"%s"输入或输出字符串。如：

```
char c[]={"China"};
printf("%s",c);
```

【注意】

① 在 scanf()和 printf()函数中的"%s"是直接控制字符串的，只要求某个字符串的起始地址作为参数。用"%s"格式符输出字符串时，printf()函数中的输出项是字符数组名，而不是数组元素名。写成下面这样是不对的：

```
printf("%s",c[0]);
```

② 输入时，scanf()会自动把用户输入的回车符、空格或制表符转换成"\0"加在字符串的末尾，printf()则在遇到"\0"就结束输出，但不能自动换行。如【例 7.6】所示。

【例 7.6】

```
main()
{   char  str[14] ;
    scanf("%s",str);
    printf("\n%s",str);
    printf("string");
}
```

【说明】

运行情况:

输入：How are you?↙

输出：Howstring

从结果可看到字符数组 str 只接收了“How”，输出“How”时不换行，第二个 printf()随后输出“string”。

解决这个问题可以采用第二种整体输入和输出方法。

（2）用字符串输入/输出函数 gets()和 puts()

① 字符串输入函数 gets()。

格式:

```
gets(ch)
```

功能：从终端读入一个字符串到字符数组 ch 中，输入回车键时结束，并将回车符'\n'转换成'\0'存储在字符数组 ch 的字符后面。它不受输入字符中空格或制表符的限制。

【说明】

② 字符串输出函数 puts()。

格式:

```
puts(ch)
```

功能：向终端输出 ch 中的字符串，遇到 ch 中的'\0'，输出结束，并将'\0'转换成'\n'输出。

【说明】

其中 ch 可以是某个字符数组名，也可以是一个字符串常量。

【例 7.7】阅读下面程序。

```
main()
{
  char str[14] ;
  gets(str);
  puts(str);
  puts("Fine,thank you");
}
```

【说明】

运行情况：

输入：How are you?↙

输出：How are you?　　　　　　　/*自动换行*/

　　　Fine,thank you?

对比【例 7.6】和【例 7.7】可以看出，scanf()函数只能读入不含空格的字符串，而 gets()函数可读入含空格的字符串，所以编程时一般用 gets()函数输入字符串。

【例 7.8】输入一个长度不超过 100 的字符串，统计其长度并输出该字符串。

程序以下：

```
#include <stdio.h>
#define N 100
main()
{
    char s[N];
    int n;
    gets(s);
    for(n=0; s[n]!='\0'; n++);
    printf("\nlength: %d",n);
    printf("\nstring: %s",s);
}
```

【练习】

编写一个程序，输出一个钻石图形。

任务 7.4　字符串的处理

在 C 语言的函数库中提供了一些用来处理字符串的函数，使用方便。几乎所有版本的 C

都提供这些函数，它们包含在头文件 string.h 中。下面介绍几种常用的函数。

7.4.1 常用字符串处理函数

1. 求字符串长度的函数——strlen()

格式：

```
strlen( ch )
```

功能：返回 ch 中的有效字符的个数，不包括'\0'。

说明：ch 为字符数组名或某个字符串常量。

例：

```
char ch[10]="China";
printf("%d",strlen(ch));
```

输出结果是 5，想一想为什么？

也可以直接测试字符串常量的长度，如

```
strlen("China");
```

2. 字符串的复制函数——strcpy ()

格式：

```
strcpy(ch1,ch2)
```

功能：将 ch2 中的字符串复制到 ch1 字符数组，限定 ch1 为字符数组名，ch2 可以是字符串常量或字符数组名。

【说明】

① ch1 的长度必须大于 ch2 的长度。

② 可以把 ch2 中前面若干个字符复制到 ch1 中。如 strcpy(ch1, ch2, 3)，表示将 ch2 中的前 3 个字符复制到 ch1 中。

③ 复制时连同字符串后面的'\0'一起复制到 ch1 中。

④ 不能用赋值语句将一个字符串常量或字符数组直接给一个字符数组。如下面两行都是不合法的：

```
ch1={"China"};
ch2=ch1;
```

而只能用 strcpy()函数处理。如下面是合法的：

```
char ch1[10],ch2[]={"China"};
strcpy(ch1,ch2);
```

3. 字符串的比较函数——strcmp ()

格式：

```
strcmp(ch1,ch2)
```

功能：ch1 和 ch2 所对应的字符串从左到右一一进行比较（比较字符的 ASCII 码值的大小）。

【说明】

① 第一个不相等的字符的大小决定了比较结果；

② 若 ch1 和 ch2 的所有字符完全相同，则 ch1==ch2。

```
ch1==ch2 函数返回0。
ch1<ch2 函数返回一个负整数。
```

```
ch1>ch2 函数返回一个正整数。
```

③ 对两个字符串 ch1 和 ch2 进行比较，不能用以下形式：

```
if (ch1==ch2)  printf("yes!");
```

只能采用字符串比较函数逐位比较确定，如下所示：

```
if (strcmp(ch1,ch2)==0)  printf("yes!");
```

4. 字符串的连接函数——strcat()

格式：

```
strcat(ch1,ch2);
```

功能：将 ch2 复制到 ch1 的后面。

【说明】

① 连接时先将 ch1 的'\0'去掉，连接后在新字符串后补上'\0'。

② ch1 必须是一个足够大的字符数组，ch2 可以是字符串常量或字符数组名。如：

```
char ch1[10]="aaa", ch2[10]="bbbb";
```

执行 strcat(ch1, ch2); 之后，ch1 和 ch2 的值变化为：

ch1:

			'\0'	'\0'	'\0'	'\0'	'\0'	'\0'	'\0'

ch2:

				'\0'	'\0'	'\0'	'\0'	'\0'	'\0'

ch1:

							'\0'	'\0'	'\0'

5. 字符串大小写转换函数——strlwr ()和 strupr()

格式：

```
strlwr(ch)和strupr(ch);
```

功能：strlwr(ch)是将 ch 中所有的大写字母转换成小写字母；strupr(ch)是将 ch 中所有的小写字母转换成大写字母。

7.4.2　字符串函数应用举例

【例 7.9】连接两个字符串，并输出连接前后字符串的长度。

程序如下：

```
#include <string.h>
#include <stdio.h>
main()
{  char s1[20],s2[10];
   int n;
   gets(s1); gets(s2);
   printf("\nstring1: %d\tstring2: %d", strlen(s1),strlen(s2));
```

```
    strcat(s1,s2);
    printf("\nstring: %s,%s", s1,s2);
    printf("\nstring1: %d\tstring2: %d", strlen(s1),strlen(s2));
}
```

运行情况：

Guangdong↙

AIB↙

string1: 9　　　string2: 3

string: Guangdong AIB，AIB

string1: 12　　　string2: 3

【例 7.10】有三个字符串，要求找出其中最大者。

分析：设一个 3×20 的二维字符数组 str，用于存放三个字符串；一个一维字符数组 s，用于存放最大的字符串。

【程序代码】

```
#include <stdio.h>
#include <string.h>
main()
{   char str[3][20], s[20];
    int i;
    for(i=0; i<3; ++)
     gets(str[i]);
     if(strcmp(str[0],str[1])>0) strcpy(s,str[0]);
     else strcpy(s,str[1]);
    if(strcmp(str[2],s)>0) strcpy(s,str[2]);
    printf("\nThe largest string is :%s", s);
}
```

运行情况：

AMERICA↙

CHINA↙

C++↙

The largest string is :CHINA

7.4.3 动手试试

结合如上所学知识点，自己动手完成下面题目的练习。

1. 阅读程序，输入 Fortran Language，写出执行结果_________。

```
#include <stdio.h>
main()
{
  char str[30];
  scanf("%s",str);
```

```
    printf("%s",str);
  }
```

2. 下列程序段的运行结果是＿＿＿＿＿。

```
main()
{
  char  b[]="Hello,you";
  b[5]=0;
  printf("%s\n", b );
}
```

3. 有以下程序段，若先后输入：

```
English
Good
```

则其运行结果是＿＿＿＿。

```
main()
{
  char  c1[60],c2[3];
  int i=0,j=0;
  scanf("%s",c1);
  scanf("%s",c2);
  while(c1[i]!= '\0')   i++;
  while(c2[j]!= '\0')   c1[i++]=c2[j++];
  c1[i]= '\0';
  printf("\n%s",c1);
}
```

现在回到我们最初的任务。

【问题】

现假设有 5 个参赛选手，要求按照字母顺序将选手的英文姓名排列显示。

【分析】

首先可以设一个二维字符数组，行数代表参赛选手人数，每一行存放一个选手的姓名；其次比较选手姓名，需要用到 strcmp()函数；按字母顺序排列选手姓名，可以用上一章学过的排序法之一——冒泡法；最后，输入/输出字符数组需要用到 gets()和 puts()函数。

程序参考如下：

```
#define N 5
#define MaxLen 20
#include <string.h>
#include <stdio.h>
#include<process.h>                    /* 使用system ()必须包含头文件process.h */
main()
{
char name[N][MaxLen],temp[MaxLen];int i,j;
printf("\nplease input %d strings:\n",N);
for(i=0;i<N;i++)
   gets(name[i]);
```

```
for (j=0;j<N-1;j++)
    for(i=0;i<N-j-1;i++)
      if(strcmp(name[i], name[i+1])>0)
      {
        strcpy(temp, name[i]);
        strcpy(name[i], name[i+1]);
        strcpy(name[i+1],temp);
      }

printf("\nthe sort strings:\n");
for(i=0;i<N;i++)
  puts(name[i]);
getch();
system("pause");                    /*使运行结果显示屏暂停，或用两次getch()*/
}
```

实训 7　处理选手姓名

一、实训目的

- 掌握字符数组的定义、赋值和输入/输出方法。
- 掌握 C 语言中字符数组和字符串处理函数的使用。

二、实训内容

1. 输入一个字符串按反方向存放，并将其输出。

2. 请编程：输出一个钻石图形（利用循环和字符数组编程。提示：把每行字符用一个数组元素存储起来。）

```
    *
  *   *
*       *
  *   *
    *
```

3. 输入一行字符串，统计其中大写字母、小写字母、数字以及其他字符的个数。

4. 编写程序，输入和输出 3 名学生的姓名。

习 题 7

一、选择题

（1）下面是对 s 的初始化，其中不正确的是（ ）。

A. char s[5]= {"abc"};

B. char s[5]={'a', 'b', 'b'};

C. char s[5]= " ";

D. char s[5]= "abcdef";

（2）判断字符串 a 和 b 是否相等，应当使用（ ）。

A. if(a==b)

B. if(a=b)

C. if(strcmp(a, b)==0)

D. if(strcmp(a, b)<0)

（3）不能把字符串：Hello! 赋给数组 b 的语句是（ ）。

A. char b[10]={'H', 'e', 'l', 'l', 'o', ' !' }

B. char b[10]; b="Hello!"

C. char b[10]; strcpy(b, "Hello!");

D. char b[10]= "Hello!";

（4）以下程序段运行时（ ）。

```
char x[10], y[ ]="China";
x=y;
printf ("%s",x) ;
```

A. 将输出 China　　　　B. 将输出 Ch

C. 将输出 Chi　　　　D. 编译出错

（5）当执行下面的程序时，如果输入 ABC，则输出结果为（ ）。

```
#include <stdio.h>
#include <string.h>
main()
{char ss[10]="1,2,3,4,5";
 gets (ss) ; strcat (ss, "6789") ; printf ("%s\n", ss) ;
}
```

A. ABC6789　　　　B. BC67

C. 12345ABC6　　　　D. ABC456789

二、程序分析题

（1）分析以下程序，其运行结果是___________。

```
#include "stdio.h"
  void main()
  {
    char c[5]= {'a','b','\0','c','\0'};
    printf("%s\n", c);
  }
```

（2）分析以下程序，其运行结果是___________。

```
#include "stdio.h"
void main()
  {
    char str[]="SSSWLIA", c;
    int k;
    for(k=2; (c=str[k])!='\0'; k++)
      {
        switch(c)
        {
            case 'I': ++k; break;
            case 'L': continue;
            default:
            putchar(c); continue;
        }
        putchar('*');
      }
  }
```

（3）当运行下面程序时，若从键盘上输入 AabD 回车，则程序的运行结果是___________。

```
#include "stdio.h"
void main()
{
  char s[80];
  int i=0;
  scanf("%s", s);
  while(s[i]!='\0')
  {
      if(s[i]<='z'&&s[i]>='a')
          s[i]='z'+'a'-s[i];
      i++;
  }
  printf("%s", s);
}
```

（4）下列程序有哪些错误？请解释错误原因。

```
main()
{  char str[ ]="abcdef";
   printf("%s",str[6]);
```

```
}
main()
{  char str[ ];
   str="book";
   printf("%s",str);
}
```

三、编程题

（1）有字符串“abcAbcDEFDef”，把该字符串中的小写字母转换为大写字母后输出。

（2）打印以下图案：

```
*****              *
 *****           *   *
  *****        *       *
   *****         *   *
                   *
```

（3）编写程序，输入和输出 3 名学生的姓名。

（4）输入一行字符串，统计其中大写字母、小写字母、数字以及其他字符的个数。

（5）输入一个字符串按反方向存放，并将其输出。

（6）编写一个程序，将字符数组 s2 中的全部字符拷贝到字符数组 s1 中，不用 strcpy 函数。

任务八

设计简易评分系统

任务描述

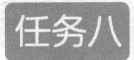

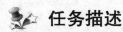

◆ 输入每位选手的评委给分，按规则计算选手最后得分，并按分数由高到低排出名次

学习要点

◆ 函数的概念
◆ 函数的定义与调用
◆ 函数参数和返回值
◆ 函数的嵌套与递归调用
◆ 局部变量与全局变量
◆ 简易评分系统设计

学习目标

◆ 理解模块化设计的思想，学会程序的模块化设计
◆ 熟悉形式参数与实际参数的概念
◆ 掌握函数的定义方法、函数的类型和返回值
◆ 熟悉函数的调用、嵌套调用和递归调用

专业词汇

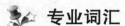

function	函数	declaration	声明	return	返回值
nested	嵌套	parameter	参数	recursive	递归
local variables	局部变量	external variables	外部变量		

【任务说明】在这个任务中，我们将开发一个 C 语言程序，在屏幕上显示每个选手的评委给分及最后得分，并按分数高低排出名次，如图 8.1 所示。通过这个任务，我们将理解 C 语言

的模块化设计思想；掌握函数的定义与调用以及函数参数的运用；熟悉函数的嵌套与递归调用；掌握C语言程序中局部变量与全局变量的概念和运用。

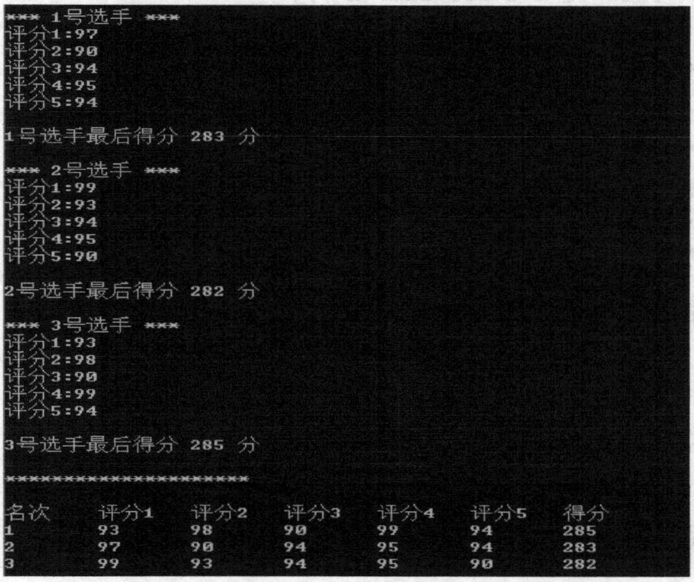

图8.1　计算3个参赛选手最后得分和名次的程序运行结果

【问题引入】现假设有3个参赛选手，5位评委，要求输入每位选手的评委给分，按规则计算选手最后得分，并按分数由高到低排出名次。

任务8.1　认识函数

一个较大的程序一般应分为若干个子程序模块，每一个模块用来实现一个特定的功能。在C语言中，子程序的作用由函数来完成，每个函数完成一定的功能，函数之间通过调用关系完成总体功能。

C语言不仅提供了极为丰富的库函数（又称标准函数），还允许用户建立自己定义的函数。用户只要用#include包含库函数所在的头文件后即可直接使用它们。

我们来看一个简单的函数调用的例子。

【例8.1】

```
main()
{   printStart();
    printMessage();
    printStart();
}
printStart()
  {  printf("******************\n"); }
```

```
    printMessage()
      {  printf("This is a C program!\n");  }
```

运行情况如下：

```
******************
This is a C program!
******************
```

其中，main 函数是系统定义的，而 printStart 和 printMessage 都是用户自定义的函数，分别用来输出一排“*”号和一行信息。

在程序设计中，将一些常用的功能模块编写成函数，放在函数库中供公共选用，可以极大地减少重复编写程序段的工作量，缩短开发周期。

任务 8.2　函数的定义和调用

8.2.1　函数的定义

函数定义的一般形式：

```
    函数类型说明符  函数名([形式参数表])
    {
       [函数体; ]
    }
```

【说明】

（1）函数名是用户定义函数的标识，在一个 C 程序中，除了主函数有固定名称 main 外，其他函数名由用户定义，取名规则与标识符相同，函数名与其后的圆括号之间不能留空格。

（2）函数类型说明符和形式参数的数据类型可以是基本数据类型，如整型、长整型、字符型、单精度浮点型、双精度浮点型以及无值型等，也可以是指针等其他类型；在定义函数时也可不指定函数类型，此时系统会隐含指定函数类型为 int 型，但是为了程序清晰和安全，建议指定为好，VC++6.0 必须指定函数类型。

（3）当有多个形式参数时，相互之间用逗号分开；有形式参数的函数称为有参函数，没有形式参数的函数称为无参函数。

（4）方括号[]代表可选，即可有可无。

（5）函数体为实现该函数功能的一组语句，并包括在一对花括号{}中；没有函数体，则称为空函数。

【例 8.2】编写一个函数，求 1+2+…+n。

```
      int  sum(int n)
    {
       int  i,s=0;
       for(i=1;i<n;i++)
```

```
    s=s+i;
  return s;
}
```

8.2.2　函数的调用

1. 函数调用的一般形式

当在程序中定义了若干函数之后，就意味着这些函数可以被调用来实现特定的功能。调用函数的一般形式如下：

```
函数名(实际参数列表);
```

【说明】

（1）定义函数时函数名后面括弧中的变量名称为“形式参数”（简称“形参”）；在主调函数中调用一个函数时，函数名后面括弧中的参数称为“实际参数”（简称“实参”）。

（2）实参是有确定值的变量或表达式，若有多个实参，各参数间需要用逗号分开。

（3）实参与形参的个数应相等，类型、顺序应一致。

（4）若为无参数调用，调用时函数名后面的()不能省略。

（5）函数间可以互相调用，但不能调用 main()函数。

【例 8.3】编写程序，实现加法功能。

```
main()
{
  int n,s;
  scanf("%d",&n);
  s=sum(n);
  printf("s=%d\n",s);
}

int  sum(int n)
{
    int  i,s=0;
    for(i=1;i<n;i++)
      s=s+i;
    return s;
}
```

程序中调用了例 8.2 定义的累加求和函数 sum()，通过控制实参 n 的值，可以实现不同数目的累加求和。

2. 函数调用的方式

按函数在程序中出现的位置来分，可以有以下三种函数调用方式。

① 函数语句：把函数调用作为一个语句，即“函数名([实参表]);”。如例 8.1 中的

```
printStart();
```

这时不要求函数带返回值，只要求函数完成一定的操作。

② 函数表达式：函数出现在一个表达式中，要求函数带回一个确定的值以参加表达式的

运算。如：

```
ms=sum(a, b)/2.0;
```

执行该语句时，调用 sum 函数，并返回运算值赋值给 ms。

③ 函数参数：函数调用作为一个函数的实参。如：

```
result=max(a, max(b, c)); 。
```

3. 函数的声明

在一个函数中调用另一个函数需要具备以下条件：

（1）被调用的函数必须已经存在（是库函数或用户自定义的函数）。

（2）如果使用库函数，一般还需在文件开头用#include 命令将调用库函数所需的有关信息包含到本文件中来，如

```
#include <stdio.h>
```

其中，stdio.h 是一个头文件，该文件中有输入/输出库函数所用到的一些宏定义信息。

（3）如果使用用户自己定义的函数，且该函数与调用它的函数（主调函数）在同一个文件中，一般应在主调函数中对被调用函数作声明，其作用是利用它在程序编译阶段对被调用函数的合法性进行全面的检查。

函数原型的一般形式为

```
1）函数类型  函数名（[参数类型1，参数类型2，……]）；
2）函数类型  函数名（[参数类型1  参数名1，参数类型2  参数名2，……]；
```

注意：编译系统不检查参数名，因此参数名可任意。

【例 8.4】对被调函数作声明

```
main()
{   float add(float x, float y);  /*对被调函数的声明*/
    float a,b,result;
    scanf("%f%f",&a,&b);
    result=add(a,b);
    printf("%f\n",result);
}
float add(float x,float y)   /*函数定义*/
{   float z;
    z=x+y;
    return z;
}
```

有以下情况可以对函数不作声明。

（1）被调函数的定义在主调函数之前，可以不作声明。如：

```
void swap(int x, int y) { … }
main()
{ … swap(a,b); }
```

（2）函数类型是整型，可以不作声明。但此种方法系统无法对参数类型作检查，若参数使用不当，编译时不会报错。为安全起见，最好加以声明。如：

```
main()
{ … c=max(a,b); }
```

```
max(int x,int y)
{ …}
```

（3）如果在所有函数定义之前，在函数外部已经作了声明，则在主调函数中不必再作声明。如：

```
float f(float,float);
int s(int,int);

main()
{…z=f(x,y);c=s(a,b);}
float f(float x,float y)
{…….}
int s(int I,int j)
{…….}
```

任务 8.3　函数的参数和返回值

在 8.2 中我们讲了实参和形参的概念，实际上，在大多数情况下，调用函数时，主调函数和被调函数之间都需要通过实参和形参实现数据的传递（有参函数）。

8.3.1　函数的参数

1. 简单变量做函数参数

【例 8.5】调用函数时的数据传递

```
void swap(int x, int y)
{ int z;
  z=x; x=y; y=z;
  printf("\nx=%d,y=%d",x ,y);
}
main()
{ int a= 10,b=20;
   swap(a,b);
   printf("\na=%d,b=%d\n",a,b);
}
```

程序运行结果为：

x=20,y=10

a=10,b=20

有关实参和形参的说明：

① 当函数被调用时才给形参分配内存单元。调用结束，所占内存被释放。

② 实参可以是常量、变量或表达式，但要求它们有确定的值。

③ 实参与形参类型要一致，字符型与整型可以兼容。

④ 实参与形参的个数必须相等。在函数调用时，实参的值赋给与之相对应的形参，而不能由形参传给实参，即“单向值传递”方式。在内存中，实参单元与形参单元是不同的单元。如【例 8.5】中：

调用前：

调用 swap(a,b)时：

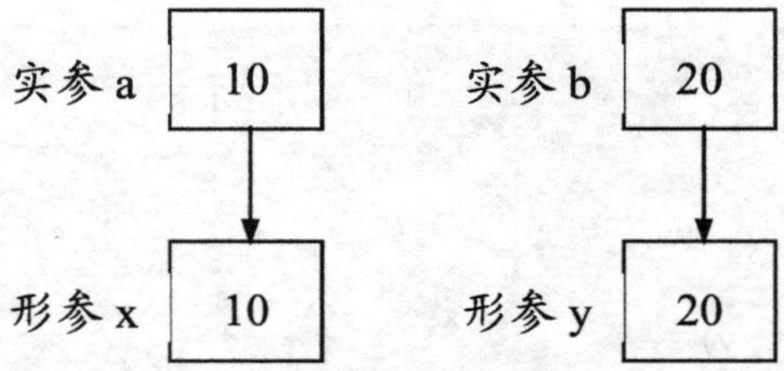

swap 函数运行后，上述两内存单元（x、y）的内容变化如下，而由于值传递方式是单向传递，实参（a，b）并没有变化

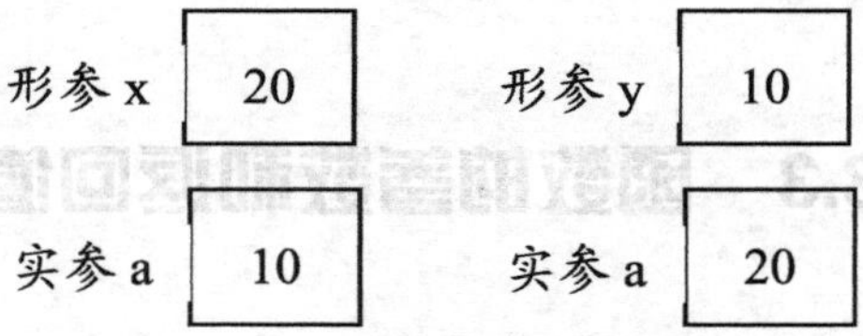

2. 数组元素做函数参数

由于实参可以是表达式形式，表达式中可以包含数组元素，因此数组元素当然可以作为函数的实际参数，与用简单变量作实参一样，是单向传递，即“传值”方式。

【例 8.6】编写一个程序，输出给定的成绩数组中不及格（成绩低于 60）的人数。

分析：设计一个函数 fun(x)，当 x<60 时返回 1，否则返回 0。在 main()函数中，扫描整个成绩数组 a，对每个数组元素调用 fun()函数，并累加返回的数值。程序如下：

```
#include  <stdio.h>
#define  N  10
int fun(int x);
main()
{
  int a[N],i,num=0;
  printf("Please input %d numbers:",N);
  for(i=0;i<N;i++)
  {
   scanf("%d",&a[i]);
   num+=fun(a[i]);
  }
   printf("The number of no pass is:%d\n",num);
}
int fun(int x)
{
    return(x<60?1:0);
}
```

3. 数组名做函数参数

当数组名作为形参时，其实参也应用数组名（或指针变量，参见任务八），且实参数组必须与形参数组类型一致。当函数参数是数组时，此时传递的是数组的地址（首地址），使得形参数组与实参数组共占同一段内存单元，而不是将整个数组元素都传递到函数中去，这就是“传址”方式。

【例 8.7】 用选择法对数组中 5 个整数按由小到大顺序排序。

分析：所谓选择法就是先将 5 个数中最小的数与 a[0]对换；再将 a[1]到 a[4]中最小的数与 a[1]对换……，每比较一轮，找出一个未经排序的数中最小的一个，共比较 4 轮。

其步骤如下：

a[0]	a[1]	a[2]	a[3]	a[4]	
3	6	1	9	4	求排序时的情况
1	6	3	9	4	将 5 个数中最小的数与 a[0]对换
	3	6	9	4	将余下的 4 个数中最小的数与 a[1]对换
		4	9	6	将余下的 3 个数中最小的数与 a[2]对换
			6	9	将余下的 2 个数中最小的数与 a[3]对换，余下的最后一个肯定是最大值，至此排序完成。

```
void sort(int arr[5])
{
  int i,j,k,t;
  for(i=0;i<5-1;i++)
   {
    k=i;
    for(j=i+1;j<5;j++)
      if(arr[j]<arr[k])  k=j;
    t=arr[k];arr[k]=arr[i];arr[i]=t;
   }
}
main()
{
  int a[5],i;
  printf("Please input the array:\n");
  for(i=0;i<5;i++)
    scanf("%d",&a[i]);
  sort(a);
  printf("the sorted array:\n");
  for(i=0;i<5;i++)
    printf("%d",a[i]);
  printf("\n");
}
```

在上述程序中，用数组名 arr 作函数实参，此时不是把数组 a 的值传递给形参 arr，而是把实参数组 a 的起始地址传给形参数组，这样 a 和 arr 两个数组就共占同一段内存单元，如图 8.2

所示。

图 8.2　例 8.7 的实参数组和形参数组在内存中的存储形式

由于形参和实参数组共占同一段内存单元，因此形参数组各元素的值如发生变化，就会使实参数组元素的值同时发生变化，相当于“双向传送”。

【说明】

① 实参数组和形参数组大小可以一致，也可以不一致。C 编译系统对形参数组大小不做语法检查，只是将实参数组的首地址传递给形参数组。另外，形参数组也可以不指定大小，定义数组时在数组名后面跟一对空的方括号。如例 8.7 中，sort()函数可以定义为：

```
void sort(int arr[])
```

或

```
void sort(int arr[], int  n)
```

② 不仅一维数组名可以作为函数参数，多维数组名也可作为函数参数，其参数传递都是“地址传递”。对于利用多维数组作为函数参数来说，在被调用函数中对形参数组定义时可以指定每一维的大小，也可以省略第一维的大小说明，且二者等价，但是不能把第二维以及其他高维的大小说明省略。

8.3.2　函数的返回值

函数的返回值就是调用函数时求得的函数值，函数的类型就是函数定义首部的类型名时所定义的类型，即函数返回值的类型。在 C 语言中，函数的返回值是通过函数中的 return 语句来获得的，其格式有三种：

- return 表达式;
- return(表达式);
- [return;]

该语句的功能为：当程序执行到函数体的 return 语句时，就返回到主调函数中，并将“表达式”的值作为函数值带回到调用处。

【说明】

① 若函数没有返回值，return 语句可以省略。

② 一个函数中可以有一个或多个 return 语句，执行到哪一个 return 语句，哪一个语句就起作用。

③ return 语句中的表达式类型一般应和函数的类型一致，如果不一致，系统自动将表达式类型转换为函数类型。

④ 当定义了返回值类型，而在函数体中不用 return 语句，函数将会带回一个不确定的无用值，所以当不需要一个函数的返回值时，最好定义成无返回值的类型（用 void 指定）。

⑤ 函数的类型决定了函数返回值的类型。若省略函数的类型，系统默认其为 int 型。

【例 8.8】输出两个数中的大数。

```
#include <stdio.h>
max(float x,float y)
{
   return x>y?x:y;    /* 返回 */
}
main()
{
   printf("%d\n", max ( 2, 3.5 ) );
}
```

运行结果：

3

任务 8.4　函数的嵌套和递归调用

8.4.1　函数的嵌套调用

C 语言中函数的定义都是互相平行、独立的。一个函数的定义内不能包含另一个函数。这就是说 C 语言是不能嵌套定义函数的，但 C 语言允许嵌套调用函数。所谓嵌套调用就是在调用一个函数并在执行该函数过程中，又调用另一个函数的情况，如图 8.3 所示。

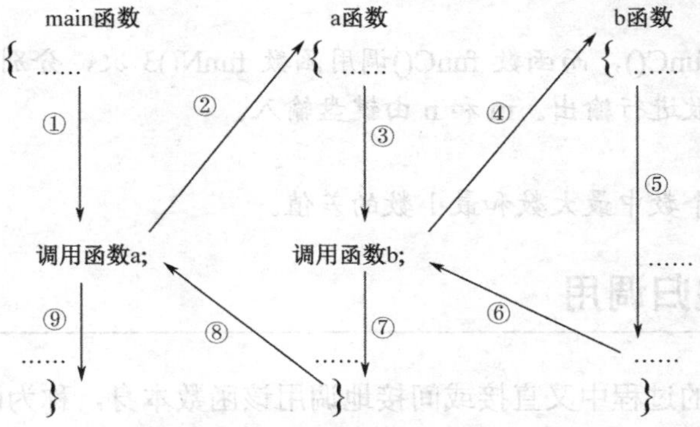

图 8.3　函数的嵌套调用

【例 8.9】编写程序，用于实现求公式。

$$c_m^n = \frac{m!}{n!(m-n)!}$$

分析：定义 3 个函数，分别是主函数，求阶乘的函数及求组合的函数。

```
#include "stdio.h"
void main()
{
    long funC(long, long);                    /*函数的声明*/
    long funN(long n);                        /*函数的声明*/
    long m, n, c;
    printf("Please input two numbers(m>=n):");
    scanf("%ld%ld", &m, &n);
    c=funC(m, n);
    printf("C(%ld, %ld)=%ld\n", m, n, c);
}
long funC(long m, long n)                     /*求组合的函数*/
{
    long funN(long);
    long a, b, c, cmn;
    a=funN(m); b=funN(n); c=funN(m-n);
    cmn=a/(b*c);
    return cmn;
}
long funN(long n)                             /*求阶乘的函数*/
{
    long i, result=1;
    for(i=1; i<=n; i++)
    result*=i;
    return result;
}
```

当从键盘输入数值 8 和 4，程序执行结果如下：

```
    Please input two numbers(m、n):8  4
    C(10, 4)=70
```

【说明】

main()调用函数 funC()，而函数 funC()调用函数 funN()3 次，分别计算 m!、n!、(m-n)!。计算结果返回给主函数进行输出。m 和 n 由键盘输入。

【练习】

用函数嵌套求三个数中最大数和最小数的差值。

8.4.2 函数的递归调用

在调用一个函数的过程中又直接或间接地调用该函数本身，称为函数的递归调用。在函数体内调用该函数本身的函数称为递归函数。C 语言允许函数递归调用，函数递归调用可分为直接递归调用和间接递归调用，如图 8.4 所示。

从图上可以看出，这两种递归调用都是无终止的自身调用，而这对于编程者来说是无意义的。这种情况可以用 if 语句来控制，只有在某一个条件成立时才继续执行递归调用，否则就不再继续。

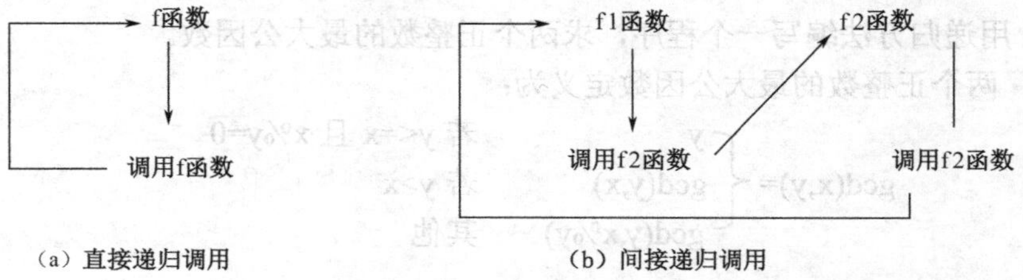

图 8.4　函数的递归调用

【例 8.10】用递归调用编写计算阶乘 n!的函数 fact()。

分析：求阶乘的递归公式：

$$n!=\begin{cases}1 & (n==1)\\ n*(n-1)! & (n>1)\end{cases}$$

【程序代码】

```
#include "stdio.h"
#include"conio.h"
long fact(int n)
{
     long rst;
     if(n<0) printf("n<0, data error!\n");
     else
          if(n==0||n==1) rst=1;
          else
              rst=n*fact(n-1);          /*递归调用*/
     return rst;
}
void main()
{
     int n;
     long result;
     printf("Please input an integer number(n):");
     scanf("%d", &n);
     result=fact(n);
     printf("%d!=%ld\n", n, result);
  getch();     /*在需要暂停的位置暂停一下，当按一下任意键它又会继续往下执行！*/
}
```

【说明】

下面以求 4!为例，来分析本程序的递归调用和返回的过程，其过程如图 8.5 所示。

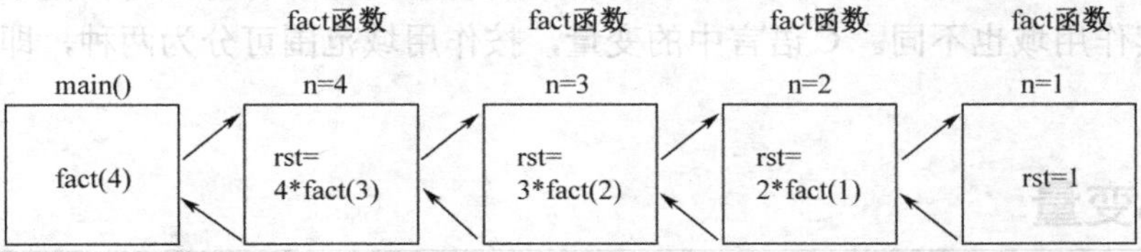

图 8.5　例 8.10 中 fact 函数的递归调用过程

【例 8.11】用递归方法编写一个程序，求两个正整数的最大公因数。

算法分析：两个正整数的最大公因数定义为：

$$gcd(x,y)=\begin{cases} y & 若\ y<=x\ 且\ x\%y=0 \\ gcd(y,x) & 若\ y>x \\ gcd(y,x\%y) & 其他 \end{cases}$$

程序如下：

```
#include<stdio.h>
int gcd(int x,int y)
{
  if(y<=x && x%y==0)
    return y;
  else  if(y>x)
    return  gcd(y,x);
  else
    return  gcd(y,x%y);
}
main()
{
  int a,b;
  printf("Please input two integers:");
  scanf("%d%d",&a,&b);
  printf("The  gcd is %d\n",gcd(a,b));
}
```

程序运行结果为：

Please input two integers:15　25

The gcd is 5

【练习】

用递归法将一个整数 N 转换成字符串。例如，输入 583，应输出“583”。N 的位数不确定，可以是任意位数的整数。

任务 8.5　什么是局部变量和全局变量

在 8.3 中我们曾讲过，形参变量只在被调用期间才分配内存单元，调用结束就立即释放内存。这表明形参变量只在函数内部有效，离开该函数就不能再使用。这种变量有效性的范围称为变量的作用域。不仅对于形参变量，C 语言中所有的变量都有自己的作用域。变量说明的方式不同，其作用域也不同。C 语言中的变量，按作用域范围可分为两种，即局部变量和全局变量。

8.5.1　局部变量

在一个函数体内部定义的变量叫做局部变量，局部变量也称为内部变量。其作用域仅限于该函数内，只能在函数体内访问它们，离开该函数后，该变量的作用便消失，无法使用该变量。请看下面的例子。

【例 8.12】局部变量的应用实例。

```
main()
{
   int i=2,j=3,k;
    k=i+j;
    int k=3;
    if(k!=3) printf("i=%d\tj=%d\tk=%d\n",i,j,k);
    else{
         int i =-1,j= -4,k;        /*在复合语句中定义局部变量*/
         k=i-j;
         printf("i=%d/tj=%d\tk=i-j=%d\n",i,j,k);
         }
    printf("i=%d\tj=%d\tk=%d\n",i,j,k);
}
```

执行情况如下：

i=-1　j=-4　k=i-j=3
i=2　j=3　k=5

本程序在同一个 main()函数中，定义了多个数据类型和变量名相同的局部变量 i、j、k。在程序访问这些变量时不会混淆，因为这是不同的局部变量，它们有各自的作用域范围。

【说明】

（1）主函数中定义的变量也只能在主函数中使用，不能在其他函数中使用。同时，主函数中也不能使用其他函数中定义的变量。因为主函数也是一个函数，它与其他函数是平行关系。

（2）局部变量在没有被赋值之前，它的值是不确定的。

（3）形参变量是属于被调函数的局部变量，实参变量是属于主调函数的局部变量。

（4）在复合语句中也可以定义变量，其作用域只在复合语句范围内有效。

（5）允许在不同的函数中使用相同的变量名，它们代表不同的对象，分配不同的单元，互不干扰，也不会发生混淆。

8.5.2　全局变量

在 C 语言中，程序的编译单位是源程序文件，一个源文件可以包含一个或多个函数。前面已经介绍，在函数内定义的变量是局部变量，而在函数外定义的变量则称为外部变量，又称为全局变量。其作用域是从定义变量的位置开始到本源文件结束，它可以被本文件中其他函数所共用。

```
int a, b;            /*外部变量作用范围是从这里开始到文件结束*/
 void f1()           /*函数f1*/
```

```
{
 ……
}
float x, y;          /*外部变量作用范围是从这里开始到文件结束*/
int f2()            /*函数f2*/
 {
 ……
}
main()              /*主函数*/
{
 ……
}
```

从上例可以看出 a，b，x，y 都是在函数外部定义的外部变量，都是全局变量。但 x，y 定义在函数 f1 之后，而在 f1 内又没有对 x，y 的说明，所以它们在 f1 内无效。a，b 定义在源程序最前面，因此在 f1，f2 及 main 内不加说明也可使用。

【例 8.13】有一个一维数组，内放 10 个学生成绩，写一个函数，求出平均分、最高分和最低分。

【分析】

显然希望从函数得到 3 个结果值，而 return 语句只能得到一个返回值，可以利用全局变量获得另外两个值。

```
float Max=0,Min=0;                          /*全局变量*/
float ave(float array[],int n)              /*定义函数，形参为数组*/
{
    int i;
    float aver,sum=array[0];                /*局部变量*/
    Max=Min=array[0];
    for(i=1;i<n;i++)
      {
        if(array[i]>Max)Max=array[i];
        else if(array[i]<Min) Min=array[i];
        sum+=array[i];
      }
    aver=sum/n;
    return(aver);
}

main()
{
    float aver,score[10];               /*局部变量*/
    int I;
    for(i=0;i<10;i++)
      scanf("%f",&score[i]);
    aver=ave(score,10);
    printf("Max=%5.2f\nMin=%5.2f\naverage=%5.2f\n",Max,Min,aver);
```

```
        getch();
    }
```

运行情况如下：

45 99 67.5 43 78 97 100 89 66 ↙

Max=100.00
Min=43.00
average=77.65

【说明】

① 使用 return 语句，函数只能给出一个返回值，由于全局变量可以起到在函数间传递数据的作用。所以通过设置全局变量可以减少函数形参的数目和增加函数返回值的数目。

② 模块化程序设计希望函数是封闭的，尽量通过函数的形参与外界发生联系。所以，在实际的应用程序开发中，建议尽量不要使用全局变量，而是使用局部变量。

③ 若在同一个源文件中，全局变量与局部变量同名，则在局部变量的作用域范围内，全局变量被“屏蔽”，即它不起作用。下面看一个例子。

【例 8.14】 全局变量与局部变量同名的应用实例。

```
int l=3,w=4,h=5;
int vs(int l,int w)
{
    int v;
    v=l*w*h;
    return v;
}

main()
{
    int l=5;
    printf("v=%d",vs(l,w));
    getch();
}
```

运行结果：

v=100

想一想，为什么？

任务 8.6　编译预处理

为了提高程序的可移植性和编译的灵活性，C 语言提供编译预处理命令，这也是 C 语言与其他高级语言的一个重要区别。由于 C 语言允许在程序中使用某些特殊的命令，所以在编译之前需要首先对程序中这些特殊的命令进行预处理，然后将预处理的结果和源程序一起进行编译处理，得到最终的目标程序。

C 语言提供的预处理功能主要有以下 3 种：

（1）宏定义

（2）文件包含

（3）条件编译

分别用宏定义命令、文件包含命令、条件编译命令来实现。编译预处理命令不属于 C 语句的范畴。为表示区别，所有的编译预处理命令均以＃符号开头，各占用一个单独的书写行，末尾不用分号作结束符。如果一行书写不下，可用反斜线（\）和回车键结束，然后在下一行继续书写。它们可以出现在程序的任何位置，作用域是自出现的地方开始到源程序的末尾。如前面已经使用过的：

```
#include<stdio.h>
#define  PI  3.14
```

本书主要介绍宏定义和文件包含两个内容，关于条件编译请参见相关书籍。

8.6.1　宏定义

宏定义是指用一个指定的宏名（标识符）来代表一个字符串。在对源文件进行预处理时，用宏定义的字符串来代替每次出现的宏名。另外，宏名不仅可以代表字符串，还可以接收参数以扩展宏的使用。因此，宏可分为不带参数的宏和带参数的宏两种。

（1）不带参数的宏定义（在任务五中已学习过，这里不再赘述）

（2）带参数的宏定义

带参数的宏定义的一般形式是：

```
#define  标识符（参数表）  字符串
```

其中，参数表中可以是一个或多个参数；字符串应有参数表中的参数。例如：定义矩形面积的宏 S、a 和 b 是边长：

```
#define  S(a, b)  a*b   /*p定义带参数的宏* /
area=S(3, 2);           /*参数a的值为3，b的值为2*/
```

上式展开为：

```
area=3*2;
```

对带参数的宏定义是这样展开置换的：在程序中如果有带实参的宏（如 s(3,2)），则按#define 命令行中指定的字符串从左到右进行置换。

【例 8.15】定义带参数的宏

```
#include "stdio.h"
#define PI 3.14159        /*定义无参数的宏PI */
#define S(r) PI*r*r       /*用带参数的宏S(r)表示圆的面积公式*/
void main()
{
    float a, area;
    a=3.6;
    area=S(a);
    printf("r=%f\narea=%f\n", a, area);
}
```

运行结果：

r=3.600000

area=40.715038

【说明】

① 对于带参数的宏的展开，只是将语句中的宏名后面括号中的实参字符串代替#define 命令行中的形参。在例 8.15 中的 S(a)展开时，预处理时将第 3 行中的形参 r 用实参 a 的值代替，得到的实际展开式为 area=3.14159*a*a，然后在程序编译运行时使用 a 的实际值。预处理过程实质上只是将宏展开，具体的计算要在程序运行时才进行。

② 为了使宏定义更有通用性且不易出错，一般将参数用括号括起来。例如：例 8.15 中的宏定义 S 的实参不是一个简单的变量，而是一个表达式如 a+b 时，则宏在语句中的形式如下：

```
area=S(a+b);
```

根据宏展开的原则，只是用 a+b 代替宏变量 r，得到

```
area=PI*a+b*a+b;
```

从展开式可以看出，它不可能代表圆的面积。原因在于宏定义时参数是没有加括号的，如果在宏定义时添加括号，则宏的定义如下：

```
#define S(r) PI*(r)*(r)
area=S(a+b);
```

宏展开后的式子如下：

```
area=PI*(a+b)*(a+b);
```

从展开的式子可以看出，它仍然符合圆的面积公式。

③ 不能把有参数宏与函数相混淆。宏只是字符序列的替换，没有值的传送，且宏名、参数都没有数据类型的概念；函数要比宏复杂，有数据类型、参数传递等概念。

8.6.2　文件包含

文件包含是指一个源文件可以将另外一个源文件的全部内容包含进来，即将另外的文件包含到本文件之中。文件包含命令的一般形式为：

```
#include "文件名"
```

或者：

```
#include <文件名>
```

上述两种文件包含形式的区别在于：

（1）使用尖括号（< >）：直接到存放 C 库函数头文件所在的目录去查找被包含文件，这称为标准方式。

（2）使用双引号（" "）：系统首先到当前目录下查找被包含文件，如果没找到，再到系统存放 C 库函数头文件所在的目录中查找。

一般地说，如果为调用库函数而用#include 命令来包含相关头文件，则用尖括号，以节省查找时间。如果要包含的是用户自己编写的文件，则用（" "），若文件不在当前目录中，双引号内可给出文件路径。

前面已多次用到此命令包含库函数的头文件。例如：

```
#include <stdio.h>
#include <math.h>
```

使用文件包含命令，可以避免开发人员的重复劳动，且对于一些标准常数和函数，可以一次定义后被其他人多次使用。C语言的库函数是一些常用的函数，设计好库函数后，可以由开发人员随时调用，只要在源文件中加入库文件包含命令#include即可。

【说明】

① 一个#include 命令只能指定一个被包含文件。如果要包含多个文件，则需要用多个#include 命令。编译预处理时，预处理程序将查找指定的被包含文件，并将其复制到#include 命令出现的位置上。

② 文件包含可以嵌套，即被包含文件中又包含另一个文件。例如，在 filel.c 中包含 file2.c，在 file2.c 中包含 file3.c。在 filel.c 中，这种包含关系可以表示如下：

```
#include "file3.c"
#include "file2.c"
```

由于 file2.c 包含 file3.c，所以需要将包含 file3.c 的预处理命令放在包含 file2.c 的预处理命令前。

通过上面的文件包含，filel.c 和 file2.c 都可以用 file3.c 中的内容。在 file2.c 中不必再用#include "file3.c"。

③ 常用在文件头部的被包含文件，称为"头文件"，以.h 作为后缀。在头文件中，除可包含宏定义外，还可包含外部变量定义、结构类型定义等。

8.6.3 动手试试

结合如上所学知识点，自己动手完成下面题目的练习。

1. 下列程序的功能是求出数组中的最大、最小元素值以及所有元素的均值。

```
____________ ;
float average(int n,float array[])
{
   int i;
   float sum;
   max=min=sum=____________;
   for(i=1;i<n;i++)
    { sum+=array[i];
      if(max<array[i]) max=array[i];
      if(____________) min=array[i];
   }
return(sum/n);
}
main()
{
   int i;
   float aver,score[10];
   printf("input 10 score:\n");
```

```
    for(i=0;i<10;i++) scanf("%f", __________);
    aver=average(10,score);
    printf("max=%.2f\nmin=%.2f\naverage=%.2f\n",max,min,aver);
}
```

2. 下列程序的功能是判断输入的一个整数是否为素数，是则打印 YES，否则打印 NO。请填空。

```
#include "stdio.h"
main()
{
    int x;
    printf("输入一个整数给x: "); scanf("%d", _______ );
    if(prime(x)) printf("YES\n");
    else printf("NO\n");
}
prime(int a)
{
    int e,i,yes;
    yes=1;e=a/2;
    i=2;
    while((i<=e) _______)
    if(a%_______==0) yes=0;
    else i++;
     _______ ;
}
```

3.下列程序的功能是使输入的字符串按反序存放，在主函数中输入和输出字符串。请填空。

```
main()
{
    char str[100];
    scanf("%s",str);
    ver(str);
    printf("%s\n",str);
}
ver(__________)
{
    char t;
    int i,j;
    for(i=0,j=strlen(str);i<strlen(str)/2;i++,j--)
      { t=str[i]; ______________ ; ______________;}
}
```

现在回到我们最初的任务。

【问题】

现假设有 3 个参赛选手，5 位评委，要求输入每位选手的评委给分，按规则计算选手最后得分，并按分数由高到低排出名次。

【分析】

首先可以定义一个函数 cal()来计算选手的总分；定义另一个排序函数 sort()按照总分对所有参赛选手排序；然后在主函数中定义一个二维数组，行数代表参赛人数，每一行的前 5 列代表 5 位评委对该选手的评分，调用 cal()计算每位选手的总分，并存放在每一行的最后一列；再调用 sort()函数对选手总分排序，最后输出结果。

程序参考如下：

```
#define N    3
#define M    6
 #include <stdio.h>
 /* 自定义函数，计算一个选手得分 */
int cal(int a[M])
{int i,max=0,min=100,result=0;
 for(i=0;i<M-1;i++)
 {   if(a[i]>max)max=a[i];
     if(a[i]<min)min=a[i];
     result+=a[i];
 }
 return result-max-min;
}
/* 自定义函数，完成排序 */
void sort(int d[N][M])
{int i,j,k,t;
 for(i=0;i<N-1;i++)
     for(j=i+1;j<N;j++)
         if(d[i][M-1]<d[j][M-1])
             for(k=0;k<M;k++)
                 t=d[i][k],d[i][k]=d[j][k],d[j][k]=t;
}
void main()                        /* 主函数 */
{int f[N][M],i,j;

 for(i=0;i<N;i++)
 {   printf("\n*** %d号选手 ***\n",i+1);
     for(j=0;j<M-1;j++)
     {   printf("评分%d:",j+1);
         scanf("%d",&f[i][j]);
     }
     f[i][j]=cal(f[i]);  /*调用函数cal计算选手得分，存储在最后一列j=M-1*/
     printf("\n%d号选手最后得分 %d 分\n",i+1,f[i][j]);
 }

 sort(f);                            /*调用函数sort()排序*/

 printf("\n*********************\n");
 printf("\n名次");
 for(i=0;i<M-1;i++)
   printf("\t评分%d",i+1);
 printf("\t得分\n");
```

```
   /*输出结果*/
   for(i=0;i<N;i++)
   {   printf("%d\t",i+1);
       for(j=0;j<M;j++)
           printf("%d\t",f[i][j]);
      printf("\n");
   }
 getch();
 }
```

实训8 设计简易评分系统（一）

一、实训目的

- 掌握函数的定义和调用方法
- 掌握通过参数在函数间传递数据的方法

二、实训内容

1. 学习函数的定义和调用方法

① 用函数调用设计简单的评分系统，如下图所示。

2. 提高练习

思考题 1：分析下列程序的运行结果。

① 以下程序的运行结果是__________。

```
t(int x,int y,int cp,int dp)
{   cp=x*x+y*y;
    dp=x*x-y*y;    }
main()
{   int a=4,b=3,c=5,d=6;
    t(a,b,c,d);
    printf("%d  %d \n",c,d);
}
```

② 输入为 68 72 56 34 98 时，下列程序的运行结果是__________。

```
#include "stdio.h"
#define  N  5
```

```
int fun(int x)
{ return(x<60?1:0);  }
void main()
{ int a[N], i, num=0;
printf("Please input %d numbers:", N);
  for(i=0; i<N; i++)
{ scanf("%d", &a[i]);
  num+=fun(a[i]); }
printf("The number of no pass is:%d\n", num); }
```

思考题 2：编写一个判断素数的函数，在主函数输入一个整数，输出是否为素数的信息。

思考题 3：输入 3 个数，输出其最大值（用调用函数方法实现）。

思考题 4：编写一个函数判断某年是否是闰年，如果是则返回值为 1，如果不是则返回值为 0，在主函数中调用，判断输入的年份是否为闰年。

实训 9　设计简易评分系统（二）

一、实训目的

- 了解函数的嵌套调用和递归调用
- 掌握全局变量和局部变量的区别

二、实训内容

1. 学习嵌套函数和递归函数。

① 分析如下程序的输出结果，理解函数的递归调用。

```
main()
{ fun (5);
}
fun (int k)
{ if  (k>0)  fun (k-1);
  printf ("%d", k);
}
```

② 分析如下程序的输出结果，理解函数的嵌套调用。

```
 main()
{ int n=3;
 printf ("%d\n",sub1(n));
 }
sub1(int n)
{ int i,a=0;
 for (i=n; i>0; i--)
    a+=sub2(i);
 return a ;
 }
```

```
sub2(int n)
{
return  n+1;
}
```

2. 分析下列程序的运行结果，学习全局变量和局部变量。

① 以下程序的运行结果为__________________。

```
#include"stdio.h"
void f()
{
int k=5;
    printf("f:k=%d\n", k);
}
main()
{
    int i, k;
    k=3;
    f();
    for(i=1; i<3; i++)
     {
         int k=6+i;
         printf("main->for:k=%d\n", k);
     }
    printf("main:k=%d\n", k);
```

② 以下程序的运行结果为__________________。

```
int sl,s2,s3;
int vs(int a,int b,int c)
{
 int resultv;
 resultv=a*b*c;
 s1=a*b:
 s2=b*c;
 s3=a*c;
 return(resultv);
}
main()
{
  int resultv,l,w,h;
  printf("\n input 3 numbers: ");
  scanf("%d%d%d",&l,&w,&h);
  resultv=vs(l,w,h);
  printf("v=%d\ts1=%d\ts2=%d\t
  s3=% d\n",resultv,sl,s2,s3);
}
```

三、提高练习

思考题：用递归方法编写一个程序，求两个正整数的最大公因数。

习 题 8

一、选择题

（1）以下对C语言函数的有关描述中，正确的是（　　）。

A. 调用函数时，只能把实参的值传送给形参，形参的值不能传送给实参

B. C函数既可以嵌套定义又可以递归调用

C. 函数必须有返回值，否则不能使用函数

D. C程序中有调用关系的所有函数必须放在同一个源程序文件中

（2）C语言程序中，当函数调用时（　　）。

A. 实参和形参各占一个独立的存储单元

B. 实参和形参共用一个存储单元

C. 可以由用户指定是否共用存储单元

D. 计算机系统自动确定是否共用存储单元

（3）关于return语句，下列正确的说法是（　　）。

A. 在主函数和其他函数中均要出现

B. 必须在每个函数中出现

C. 可以在同一个函数中出现多次

D. 只能在除主函数之外的函数中出现一次

（4）一个函数返回值的类型是由（　　）决定的。

A. return语句中表达式的类型

B. 在调用函数时临时指定

C. 定义函数时指定的函数类型

D. 调用该函数的主调函数的类型

（5）在C语言的函数中，下列正确的说法是（　　）。

A. 必须有形参

B. 形参必须是变量名

C. 可以有也可以没有形参

D. 数组名不能作形参

（6）以下描述正确的是（　　）。

A. 函数调用可以出现在执行语句或表达式中

B. 函数调用不能作为一个函数的实参

C. 函数调用可以作为一个函数的形参

D. 以上都不正确

（7）在调用函数时，如果实参是简单变量，它与对应形参之间的数据传递方式是（　　）。

A. 地址传递

B. 单向值传递

C. 由实参传给形参，再由形参传回实参

D. 传递方式由用户指定

（8）当调用函数时，实参是一个数组名，则向函数传送的是（　　）。

A. 数组的长度　　B. 数组的首地址

C. 数组每一个元素的地址　　D. 数组每个元素中的值

（9）如果在一个函数的复合语句中定义了一个变量，则该变量（　　）。

A. 只在该复合语句中有效，在该复合语句外无效

B. 在该函数中任何位置都有效

C. 在本程序的源文件范围内均有效

D. 此定义方法错误，其变量为非法变量

（10）下列说法不正确的是（　　）。

A. 主函数 main 中定义的变量在整个文件或程序中有效

B. 不同函数中，可以使用相同名字的变量

C. 形式参数是局部变量

D. 在一个函数内部，可以在复合语句中定义变量，这些变量只在本复合语句中有效

（11）在一个源程序文件中定义的全局变量的有效范围是（　　）。

A. 本源程序文件的全部范围

B. 一个 C 程序的所有源程序文件

C. 函数内全部范围

D. 从定义变量的位置开始到源程序文件结束

（12）以下叙述中不正确的是（　　）。

A. 在不同的函数中可以使用相同名字的变量

B. 函数中的形式参数是局部变量

C. 在一个函数内定义的变量只在本函数范围内有效

D. 在一个函数内的复合语句中定义的变量在本函数范围内有效

（13）以下函数调用语句中含有（　　）个实参。

```
func((exp1,exp2),(exp3,exp4,exp5));
```

A. 1　　B. 2　　C. 4　　D. 5

（14）C 语言可执行程序从（　　）地方开始执行。

A. 程序中第一条可执行语句　　B. 程序中的第一个函数

C. 程序中的 main 函数　　D. 包含文件中的第一个函数

（15）有一个函数原型如下：

```
test(float x, float y);
```

则该函数的返回类型为（　　）。

A. void　　B. double　　C. int　　D. float

（16）下述函数定义形式正确的是（　　）。

A. int f(int x; int y)　　B. int f(int x, y)

C. int f(int x, int y)　　D. int f(x, y:int)

（17）用数组名作为函数的实参时，传递给形参的是（　　）。

A. 数组的首地址　　B. 数组的第 1 个元素

C. 数组中的全部元素　　D. 数组的元素个数

（18）复合语句中定义的变量的作用范围是（　　）。

A. 整个源文件　　B. 整个函数

C. 整个程序　　D. 所定义的复合语句

（19）以下有关宏替换叙述中，错误的是（　　）。

A. 宏替换不占用运行时间　　B. 宏名无类型

C. 宏替换只是字符替换　　D. 宏名必须用大写字母表示

（20）从下列选项中选择不会引起二义性的宏定义是（　　）。

A. #define　POWER(x)　x*x　　B. #define　POWER(x)　(x)*(x)

C. #define　POWER(x) (x*x)　　D. #define　POWER(x)　((x)*(x))

二、填空题

（1）C 程序中的一个函数由两部分组成，即__________和__________。

（2）为了保证被调用函数不返回任何值，其函数定义的类型应为__________。

（3）预处理命令#include 的作用是__________。

（4）以下程序的输出结果是__________。

```
int f(int a)
{ return a%2; }
main()
{  int s[8]={1,3,5,2,4,6},i,d=0;
   for (i=0;f(s[i]);i++) d+=s[i];
   printf("%d\n",d);
}
```

（5）以下程序的输出结果是__________。

```
t(int x,int y,int cp,int dp)
{ cp=x*x+y*y;
   dp=x*x-y*y;    }
main()
{  int a=4,b=3,c=5,d=6;
   t(a,b,c,d);
   printf("%d  %d \n",c,d);
}
```

（6）以下程序的输出结果是__________。

```
#include <stdio.h>
fun( int x)
{
   int p;
   if( x==0||x==1) return(3);
   p=x-fun( x-2);
   return p;
}
main()
{
   printf( "%d\n", fun(9));
}
```

（7）运行以下程序，输入 100，其输出结果是____________。

```
#include "stdio.h"
void func(int n)
{
   int i;
   for(i=n-1; i>=1; i--)
   n=n+i;
   printf("n=%d\n", n);
  }
  void main()
  {
   int n;
   printf("输入n: ");
   scanf("%d", &n);
   func(n);
   printf("n=%d\n", n);
}
```

三、程序分析题

（1）分析以下程序，其运行结果是什么？

```
#include "stdio.h"
 int fun(int x, int y)
 {
     return x+y;
 }
 void main()
 {
     int a=2, b=3, c=8;
     int x, y;
     x=fun(a+c, b);
     y=fun(x, a-c);
     printf("%5d\n", y);
 }
```

（2）分析以下程序，其运行结果是什么？

```
#include "stdio.h"
```

```
int fun(int x, int y, int a)
{
        a=x+y;
        return a ;
}
void main()
{
    int a=31;
    fun(5, 2, a);
    printf("%d\n", a);
}
```

（3）分析下面程序的功能。

```
#include "stdio.h"
#define MAX(a, b) ((a)>(b))?(a):(b)
void main()
{
        int x, y, max;
        printf("Input two numbers: ");
        scanf("%d%d", &x, &y);
        max=MAX(x, y);
        printf("max=%d\n", max);
}
```

（4） 分析下面程序的运行结果。

```
#include"stdio.h"
void f()
{
    int k=5;
    printf("f:k=%d\n", k);
}
main()
{
    int i, k;
    k=3;
    f();
    for(i=1; i<3; i++)
        {
            int k=8+i;
            printf("main->for:k=%d\n", k);
        }
     printf("main:k=%d\n", k);
}
```

（5）下面程序的运行结果是________。

```
#include<stdio.h>
long fib(int g)
{
   switch(g)
```

```
        {
        case 0:return 0;
        case 1:case 2:return(1);
        }
        return(fib(g-1)+fib(g-2));
    }
    main()
    {
        long k;
        k=fib(5);
        printf("%d\n",k);
    }
```

四、编程题

（1）编写一个函数，实现输入一行字符，将此字符串中最长的单词输出。

（2）编写一函数，求一个整数的所有因子，并打印出来。如 56＝2*2*2*7。

（3）编写一函数转置 4×4 整数矩阵，在主函数中输入矩阵，调用函数转置，然后输出。

（4）用递归法将一个任意整数 m 转换为字符串。例如：输入 7758，应输出字符串“775 8”。

（5）定义一个宏，用于判断任意一年是否是闰年。

（6）编写一函数，从实参传过来一个字符串，返回字符的个数（不用 strlen）。

（7）编写一个程序，输出给定的成绩数组中不及格（成绩低于 60）的人数。

（8）编写一个函数，用选择法对实参传过来的数组中 5 个整数按由小到大排序。

（9）编写一个判断素数的函数，在主函数输入一个整数，输出是否为素数的信息。

（10）编写两个函数，分别求两个整数的最大公约数和最小公倍数，用主函数调用这两个函数，并输出结果，两个整数由键盘输入。

任务九

利用指针设计评分系统

任务描述

◆ 利用指针设计评分系统

学习要点

◆ 指针的概念、指针变量的定义、初始化和引用
◆ 指向变量的指针变量
◆ 指向数组的指针变量
◆ 指针变量作为函数参数

学习目标

◆ 了解地址的概念和各种指针变量
◆ 熟悉指针概念、分清指针变量、指针常量和指针运算
◆ 学会指针在数组上的应用
◆ 学会使用指针变量来调用函数

专业词汇

pointer　指针	address　地址
memory member　内存单元	base address　基地址

【任务说明】改进评分系统，用指针来实现评分系统中的主要功能模块：①录入和输出 N 名选手 5 位评委的评分；②计算出选手的最后得分；③输出比赛成绩单。其信息包括选手姓名、5 位评委的评分、最后得分。程序运行结果如图 9.1 所示。

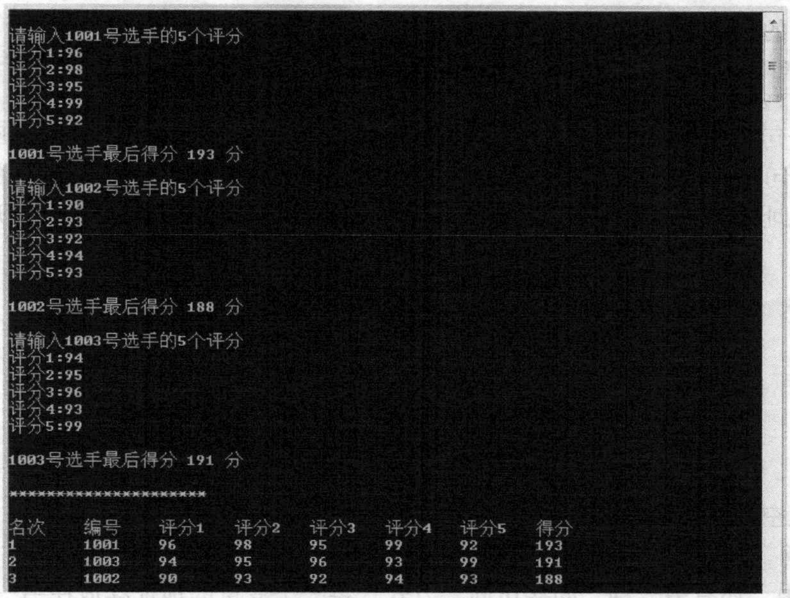

图 9.1　程序运行结果图

在这个任务中，我们需要解决以下几个问题：

（1）指针是什么？如何定义和引用？

（2）如何用指针实现数组的输入和输出？

（3）如何在函数中用指针实现班级成绩单的输出？

任务 9.1　认识指针

指针是 C 语言中的一个重要概念，也是 C 语言的一种重要数据类型。利用指针可直接对内存中各种不同的数据结构（诸如链表、树、图等复杂的数据结构）进行快速访问和处理，指针支持内存的动态分配，能直接处理内存地址，能为函数间各类数据的传递提供非常有效的手段。用指针可以写出更紧凑和更有效的程序代码。

通常，指针指的是数据在内存中的地址，指针变量指的是存放地址的变量。

9.1.1　访问内存的两种方式

计算机内存是以字节为单位的存储空间，内存的每一个字节都有一个唯一的编号，这个编号就称为地址。

在 C 语言中，对内存空间的访问提供了两种访问方式，第一种是直接访问；第二种是间接访问。

1. 直接访问

当 C 程序中定义一个变量，系统就分配一个带有唯一地址的存储单元来存储这个变量。

例如，若有下面的变量定义：

```
int  a=66;
printf("%d",a);
```

在第 1 行语句中，系统会为变量 a 分配一个空间，并将变量名 a 与该地址对应起来；

在第 2 行语句中，系统会根据变量名 a 和其地址的对应关系找到变量名 a 对应的内存地址，然后再根据该地址值，找到内存空间取出空间上的内容。变量 a 在内存中的存储形式如图 9.2 所示。

地址	内存内容	变量名
1011	66	a

图 9.2　变量 a 在内存中的存储

这种直接从空间的地址存取变量值的方式称为“直接访问”方式。

2. 间接访问

在 C 程序中，还有另一种“间接访问”方式。将一个变量的地址存放在另一个内存单元（即变量）中，然后通过存放地址的变量来引用变量，这种存放地址的变量是一种特殊的变量，我们称它为指针变量。

设定义一个变量 p，该变量被存放在 2000 开始的 2 个字节单元中，如图 9.3（a）所示。而变量 a 的地址存放在变量 p 中，要存取变量 a，首先找到存放“a 地址”的存储单元首地址 2000，从 2000 地址开始的 2 个字节中取出 a 的地址 1011，然后，再到 1011 首地址的存取单元中取出 a 变量的值，如图 9.3（b）所示。

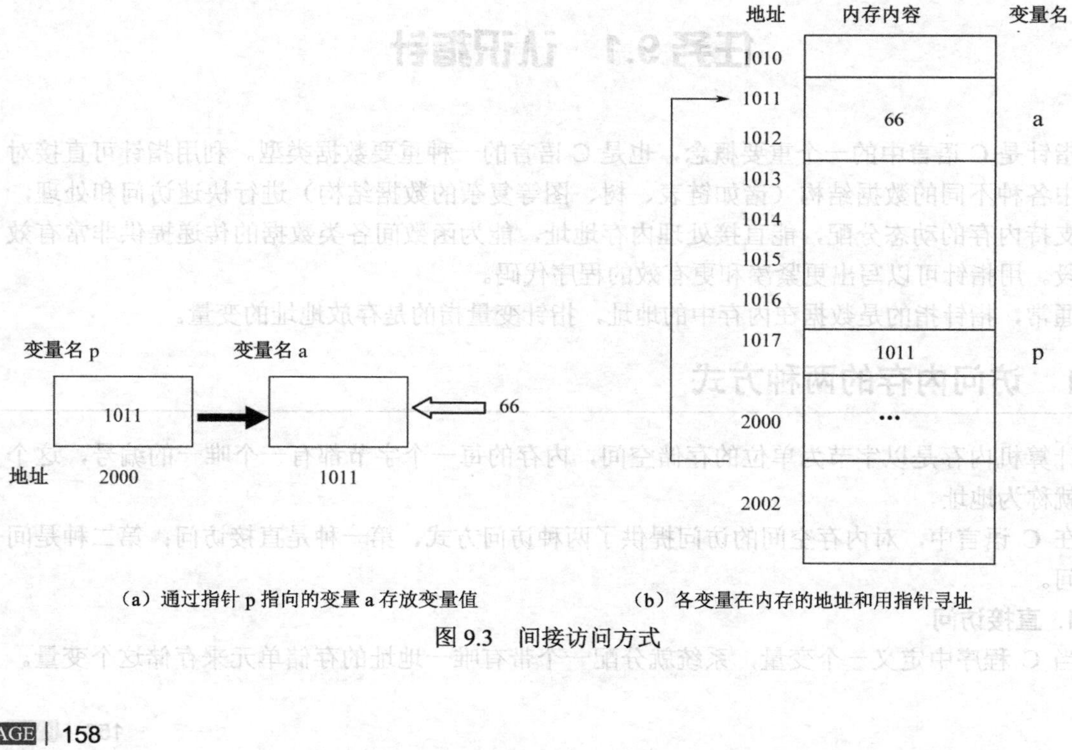

（a）通过指针 p 指向的变量 a 存放变量值　　（b）各变量在内存的地址和用指针寻址

图 9.3　间接访问方式

9.1.2　指针的概念

在 C 语言中，表示内存地址的数据类型就是指针类型。所以，地址就是指针，一个变量的地址就是一个指针型常量，用来保存地址的变量就是一个指针变量。在 9.1.1 中讨论的间接访问中，a 的地址 1011 就是指针型数据，而变量 p 存放了变量 a 的地址就是指针型变量，并且我们还称变量 p“指向”变量 a，简称 p 指向 a，p 称为 a 的指针，一般指针变量也简称指针。所谓“指向”就是通过地址来实现，使得指针变量与普通变量之间建立一种联系。

指针也有类型。指针的类型就是指针所指向的数据的类型。指针的类型限定指针的用途，例如一个 double 型指针只能用于指向 double 型数据。不限定类型的指针为无类型的指针或者说是 void 指针，可用于指向任何类型的数据。

任务 9.2　变量的指针

9.2.1　指针变量的定义及初始化

用来存放数据地址的变量叫指针变量。

指针变量和其他类型的变量一样，也必须先定义后使用。

定义格式：

```
数据类型 *指针变量名[=地址表达式];
```

“数据类型”表示该指针可以指向何种类型的数据，指针本身则是整型。“*”是一个说明符，表示定义指针变量。

例如：

```
char  *pa;
int  *pb;
float  *pc;
```

定义了字符型、整型和浮点型指针 pa、pb 和 pc，它们可分别用来指向字符型、整型和实型的变量或数组，也就是存放对应变量或数组的地址。而 pa、pb 和 pc 本身也有自己的地址，各占 2 个字节存储空间。

例如：

```
int x, *p;
p=&x
```

则第一句表示定义一个普通变量 x，和一个指针变量 p。第二句表示将 x 的内存地址赋给 p，即 p 存放 x 的地址，为其指针，p 指向 x。

又例如：

```
int  x, *p=&x ;
```

这一句的功能等同上个例子的两句，为指针变量的初始化。

【说明】

在定义一个指针变量时，“*”是一个说明符，表示定义指针变量，而非运算符。

9.2.2 指针变量的引用

1. 与指针有关的两个运算符&和*

（1）取地址运算符&

取地址运算符，即取其操作数的内存地址。

一目运算符，优先级和结合性与++、--相同。

一般形式：

```
&变量名或&数组元素名
```

如：

```
&x          运算结果是x的地址
&a[1]       运算结果是数组元素a[1]的地址
```

例：定义 int x, *y=&x; x 的地址是 3000，x 的值是 10，y=3000

思考：若 x 的值是 100，y 的值？

（2）求值运算符*

求值运算符，即取其所指向变量的值，又称指针运算符。

一目运算符，优先级和结合性与++、--相同。

一般形式：

```
*指针变量名
```

如：

```
*p        运算结果是p所指向变量的值
*q        运算结果是q所指向变量的值
```

例：定义 int a, *p=&a;

float b, *q=&b;

思考：若 a 的地址是 2000，a 的值是 10; b 的地址是 2100，b 的值是 100，则*p 与*q 的运算结果分别为多少呢？

2. 指针指向对象的方法

（1）指针变量初始化

例：

```
int a, *p=&a;                    /* 指针p指向整型变量a */
float x, y, *p1=&x, *p2=&y;      /* 指针p1和p2分别指向实型变量x、y */
int b[10], *q=b;                 /* 指针q指向整型数组b */
```

（2）用赋值语句给指针赋值

例：

```
int a, b[10], *p, *q;
p=&a;
q=b;
```

【说明】

① 赋值语句中的指针前面不带“*”号。

② 赋给指针变量的值要求是一个地址。

思考：语句 q=b;合法吗？若合法，b 代表什么值，这条语句又表示什么意思？

3. 使用指针应注意的问题：

① 作为指针要访问的数据一定要在相应的指针之前定义。

例如：

```
char *p=&c;
char c;
```

是错误的，因为编译 char *p=&c 时，变量 c 还未分配存储单元。

② 指针必须存放地址量。

例如：

```
int a, *p;
p=a;
```

是错误的，因为 a 不是地址量。

③ 未指向数据的指针不能引用。

例如：

```
int *p;
*p=5;
```

是错误的，因为指针 p 未指向某个数据，其值未定。

【例 9.1】用&和*运算符编写程序，说明指针变量的使用。

```
main()
{
 int x=10, a, *p ;
p=&x; a=*p ;
printf("x=%d, %d \n",a);
 printf("&x=%x,%x\n",&x,p);      /* 输出变量x的地址 */
}
```

【说明】

① int *p; 定义了一个指针变量 p，其中 p 是变量名，“*”表示 p 是指针变量，是区别一般简单变量的符号。

② 指针变量定义时所存放的地址是随机的。与其他变量一样，指针变量也可以在定义时进行初始化，还可用赋值语句赋值。

例如，还可将以下语句：

```
int  x=10, a, *p;
p=&x;
```

改写为：

```
int  x=10, a, *p=&x;
```

③ 定义一个指针变量 p，指向整型变量 x，通过“&”和“*”两个运算符，使 a 间接得到 x 的值。

【例 9.2】利用指针变量访问变量 x 和 y。

```
main()
{
int x=100, *px;
```

```
    float y=56, *py;
    px=&x; py=&y;
    printf("%d  %f\n",x, y);                /*直接访问*/
    printf("%d  %f\n",*px, *py);            /*间接访问*/
}
```

【说明】

第一个 printf 的执行是根据变量 x 和 y 与地址对应关系，直接将其值输出；第二个 printf 的执行是根据 px 和 py 内存放的地址值，找到变量 x 和 y 内存放的数据，然后将其输出。

运行结果：

```
100  59.000000
100  59.000000
```

【例 9.3】从键盘输入两个整数，按由大到小的顺序输出。

```
main()
{
    int *p1, *p2, a, b, t;      /*定义整型指针变量与整型变量*/
    scanf("%d%d", &a, &b);
    p1=&a;                      /*使指针变量p1指向整型变量a*/
    p2=&b;                      /*使指针变量p2指向整型变量b*/
    if(*p1 <*p2)
    {                           /*交换指针变量所指向的变量之值*/
        t=*p1; *p1=*p2; *p2=t;
    }
    printf("%d, %d\n", a, b);
}
```

【说明】

在程序的运行过程中，指针变量与其所指变量之间的关系，如图 9.4 所示。

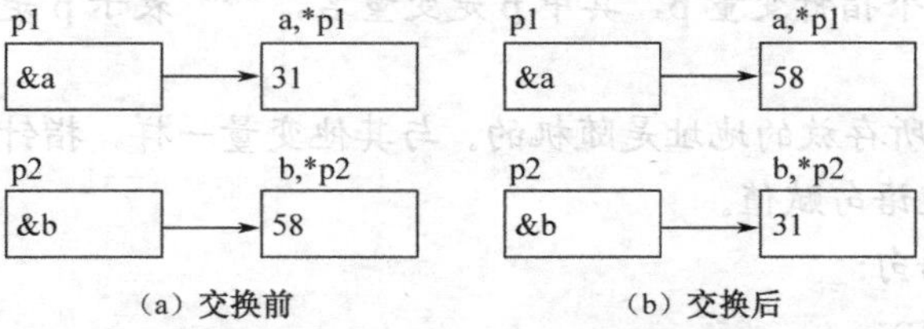

图 9.4　程序运行中指针与变量之间的关系

【练习】

用指针指向三个整型变量，按由小到大的顺序输出。

9.2.3　指针变量作为函数参数

函数的参数不仅可以使用整型、实型、字符型等数据，也可以是指针类型。它的作用是将一个变量的地址传送到另一个函数中。

在学习函数的有关内容时，我们知道简单变量作为函数参数实行的参数传递方式是"值传递”：函数调用时，实参的值单向传递给形参变量，形参和实参分别占用不同的存储单元。当函数调用完成后，形参变量所占内存单元被释放，结果是形参值的改变将不影响实参的值。通过下例来说明。

【例 9.4】输入两个整数 a、b，将两个整数交换输出。

程序一：

```
#include "stdio.h"
void swap(int x, int y)
 {
     int t;
     t=x; x=y; y=t;
 }
main()
 {
     int a, b;
     scanf("%d%d", &a, &b);
     swap(a, b);
     printf("%d, %d\n", a, b);
 }
```

运行结果：输入：5　6↙

　　　　　输出：5，6

【说明】

该程序采用“值传递”方式，变量作实参和形参，调用 swap 函数时，实参 a 和 b 的值 5、6 分别传递给形参 x 和 y，运行 swap 函数时将 x 和 y 的值交换，返回 main 函数，形参 x 和 y 所占的单元已被释放，并没有将值传递给实参变量，如图 9.5 所示。所以不能通过调用 swap() 函数将 a 和 b 两个整数交换。

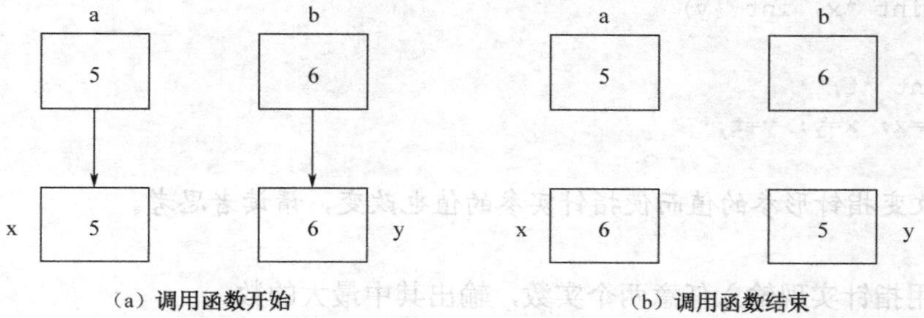

图 9.5　值传递方式

将该程序改为指针作实参和形参。

程序二：

```
#include "stdio.h"
void swap(int *x, int *y)
 {
     int t;
     t=*x; *x=*y; *y=t;
```

```
}
main()
{
    int a, b;
    scanf("%d%d", &a, &b);
    swap(&a, &b);
    printf("%d, %d\n", a, b);
}
```

运行结果：输入：5　6↙

　　　　　输出：6，5

【说明】

此时，a 和 b 的值已交换，因为实参是整型变量的地址，形参是指针变量，实际上是**地址的传递**。调用 swap()函数时，将变量 a、b 的地址分别传递给指针变量 x、y，执行 swap() 函数时的语句“t=*x; *x=*y; *y=t; ”，由于*x 即为 a，*y 即为 b，实际上相当于执行了语句“t=a; a=b; b=t; ”。通过指针变量 x、y 交换了所指变量 a、b 的值，如图 9.6 所示。

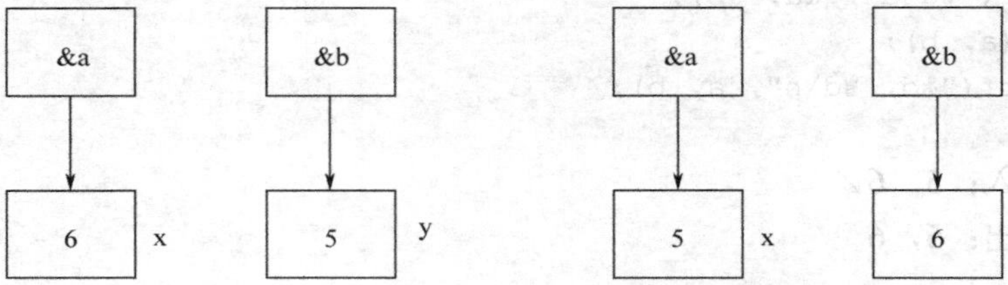

（a）调用函数开始　　　　（b）调用函数结束

图 9.6 地址传递方式

【思考】

若 swap 函数改为下面的程序：

```
swap(int *x, int *y)
{
    int *t;
    t=x; x=y; y=t;
}
```

能否通过改变指针形参的值而使指针实参的值也改变，请读者思考。

【例 9.5】用指针实现输入任意两个实数，输出其中最大的数。

【程序代码】

```
#include "stdio.h"
float max(float *p, float *q)
{
    float m;
    m=*p>*q ? *p : *q;
    return m;
}
void main()
```

```
{
    float a, b, *pa=&a, *pb=&b;
    scanf("%f%f", pa, pb);
    printf("MAX=%.2f\n", max(pa, pb));
}
```

【说明】

本题定义了指针 pa、pb，并使它们分别指向变量 a 和 b，然后用指针 pa 和 pb 做实参，其结果与用变量的地址做实参是相同的。

【例 9.6】用函数实现，统计大写字母和小写字母的个数。

分析：用指针实现函数中多个数据值的返回。

【程序代码】

```
#include"stdio.h"
void main()
{
    int countLetter(int *b, int *s);      /*函数的声明*/
    int big, small;           /*big大写字母的个数，small小写字母的个数*/
    int flag;
    flag=countLetter(&big, &small);    /*调用函数计算大小写字母的个数*/
    if(flag)
    {
        printf("大写字母的个数=%d\n", big);
        printf("小写字母的个数=%d\n", small);
    }
}
int countLetter(int *b, int *s)        /*指针作为函数的参数*/
{
    char c;
    *b=*s=0;
    printf("输入一行字母：\n");
    c=getchar();
    while(c!='\n')
    {
        if(c>='a'&&c<='z')            /*统计小写字母的个数*/
            (*b)++;
        if(c>='A'&&c<='Z')            /*统计大写字母的个数*/
            (*s)++;
        c=getchar();
    }
    return 1;
}
```

【说明】

在实际应用中，我们常常需要函数返回 2 个及以上的值，而 return 语句只能实现一个值的返回。如何实现呢？要利用指针变量作为函数的参数来实现。上例就是使用此法，函数返回了 2 个统计值。

【练习】

1. 编写函数 mul(int *p, int *q)，功能是求解两个数的乘积。
2. 编写 change 函数，将主函数中变量 x 和 y 的数值扩大 10 倍。

任务 9.3 指针与数组

C 语言中的指针和数组有着密切的关系，也是学习的难点。指针也可以用来指向数组或指向数组中的一个元素。

9.3.1 指向数组元素的指针

由于数组在内存中占用一片连续的存储单元，任何通过数组下标可以完成的操作，都可以通过指针来完成。而且使用指针速度更快，程序更紧凑。因此，如果定义一个指向数组的指针，将该指针指向数组的第一个元素，则通过改变指针的值，就可以存取数组的每一个元素。

由于指针变量存放的是内存的地址，改变指向数组的指针变量的值，就可以指向不同的数组元素。指向数组的指针，可以进行下面几种运算。

1. 指针与整数相加减（指针的移动）

p++、++p、p+=1　　向高地址移动，指向后一个元素

p--、--p、p-=1　　向低地址移动，指向前一个元素

p+=n　向高地址移动，指向后 n 个元素

p-=n　向低地址移动，指向前 n 个元素

2. 两个同类型指针相减

相减的结果是两个指针之间的元素个数。

3. 同类型指针的比较

比较的结果是两个指针所指数组元素之间的前后关系。

例如，设指针 p 和 q 分别指向同一数组的元素 a[m]和 a[n]，那么，若有关系表达式 p>q，其值为 1，则表示 a[m]的位置在 a[n]之前。

【例 9.7】求指针 p、q 之间的元素个数。

```
#include "stdio.h"
void main()
{
    float a[10], *p, *q;
        p=&a[0];
    q=&a[5];
        printf("q-p=%d\n", q-p);
}
```

运行结果：q－p=5

【说明】

将指针 p、q 相减，实际是将其对应的地址进行相减，得到的应该是指针 p、q 之间的元素个数。

9.3.2　一维数组的指针

数组的指针是指数组的首地址，数组元素的指针是指数组元素的地址。

例如：int a[5], *p=a;

指针 p 与 a 数组的各元素之间存在如图 9.7 所示的对应关系。

由于 p 是指针变量，它指向 a[0]的地址，那么，a[1]的地址可用 p+1 表示。同样 p+i 是 a[i]的地址，也就是 p+i 指向 a[i]。

注：引用一个数组元素，可有两种方法：

（1）下标法　　a[i]或 p[i]形式

（2）指针法　　*(a＋i)、*(p＋i)或*p 形式

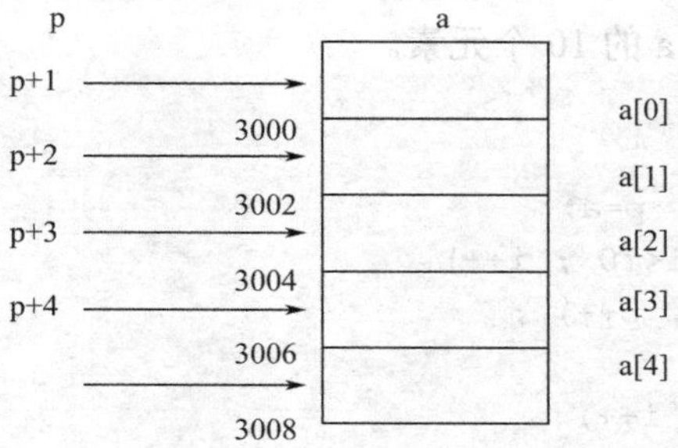

图 9.7　指针与一维数组的关系

数组名 a 又可称为指针常量或地址常量，利用指针 p 访问数组的三种应用如下。

① 采用*p++：

```
#include"stdio.h"
void main()
{
    int a[]={2, 4, 6, 8, 10}, *p=a;
        for(; p<a+5; )
            printf("*p=%d\n", *p++);
}
```

② 采用*(p+i)：

```
    #include"stdio.h"
void main()
{
    int a[]={2, 4, 6, 8, 10}, *p=a, i;
        for(i=0; i<5; i++)
            printf("*p=%d\n", *(p+i));
}
```

③ 采用 p[i]：

```
#include"stdio.h"
void main()
{
    int a[]={2, 4, 6, 8, 10}, *p=a, i;
    for(i=0; i< 5 ; i++)
        printf("*p=%d\n", p[i]);
}
```

三种方式的运行结果相同：

```
*p=2
*p=4
*p=6
*p=8
*p=10
```

指针移动时会改变指针变量的值，因此要注意指针的当前值。

【例 9.8】输入和输出数组 a 的 10 个元素。

```
void main()
{
    int  i, a[10], *p=a;
        for(i=0 ; i<10 ; i++)
        scanf("%d", p++) ;
    printf("\n") ;
    for(i=0; i<10; i++)
        printf("%d", *p++);
}
```

运行结果：

1 2 3 4 5 6 7 8 9 10↙

01245120419900113674048367413623674601243068214734848 00

【说明】

显然输出的数值并不是a数组中每个元素的值。原因是指针p的初始值为数组a的首地址，但经过第一个 for 循环读入数据后，p 已指向数组 a 的末尾。因此，在执行第二个 for 循环时，p 的值不是&a[0]了，而是 a+10。故执行循环时，每次执行 p++，p 指向的是数组 a 后面的值，实际上就是些不定值。

【思考】

如何解决上题中的问题？

9.3.3 用指针实现一位选手 5 个评分的输入和输出

【例 9.9】输入和输出一位选手的 5 个评分，采用下标法、数组名访问法和指针变量访问法 3 种方法实现。

【程序代码 1】

下标法（常用，很直观）

```
    #include "stdio.h"
     void main()
     {
             int grade[5], i;
             printf("请输入一位选手5个评分\n");
             for(i=0; i<5; i++)
                 scanf("%d", & grade[i]);
             printf("该选手的5个评分为：\n");
             for(i=0; i<5; i++)
                 printf("%3d ", grade[i]);
             printf("\n");
     }
```

【程序代码 2】

用数组名访问（效率与下标法相同，不常用）

```
     #include "stdio.h"
     void main()
     {
             int grade[5], i;
             printf("请输入一位选手5个评分\n");
             for(i=0; i<5; i++)
                 scanf("%d", & grade[i]);
             printf("该选手的5个评分为：\n");
             for(i=0; i<5; i++)
                 printf("%3d ", *( grade+i));
             printf("\n");
     }
```

【程序代码 3】

用指针变量访问（常用，效率高）

```
     #include "stdio.h"
     void main()
     {
             int grade[5], i, *p;
             printf("请输入一位选手5个评分\n");
             for(i=0; i<5; i++)
                 scanf("%d", & grade[i]);
             printf("该选手的5个评分为：\n");
             for(p= grade; p< grade+5; p++)
                 printf("%3d ", *p);
             printf("\n");
     }
```

【思考】

如何利用指针来计算一位选手的最高分和最低分，以及最后得分？

9.3.4　二维数组的指针

指针可以指向一维数组，也可以指向二维数组，但在概念和使用上二维数组比一维数组复杂一些。

在二维数组中，整个数组有一个首地址，数组中每一行有一个首地址，称为行地址，每个数组元素也有一个地址。

二维数组在逻辑上是二维空间，但是在存储器中则是以行为顺序，占用一片连续的内存单元，其存储结构是一维线性空间。因此，就可以把二维数组视为一维数组来处理。即把二维数组看成是一种特殊的一维数组，它的元素是一个一维数组。如：

```
int a[4][3];
```

a 是数组名，它包含 4 行，可看成是由 4 个元素 a[0]、a[1]、a[2]和 a[3]组成的一维数组，而每个元素又都是具有 3 个元素的一维数组：

```
a[0]    {a[0][0], a[0][1], a[0][2]}
a[1]    {a[1][0], a[1][1], a[1][2]}
a[2]    {a[2][0], a[2][1], a[2][2]}
a[3]    {a[3][0], a[3][1], a[3][2]}
```

a[0]、a [1]、a [2]和 a[3]被看成一维数组名，所以又代表二维数组中每一行的首地址。

由于 a 代表整个二维数组的首地址，即第一行的首地址，则 a+1，a+2，a+3 分别代表第二行、第三行和第四行的首地址。

根据二维数组的存储结构，可采用指向二维数组元素的指针或指向二维数组行的指针访问二维数组。

1. 指向二维数组元素的指针

如果将二维数组的首地址赋给相应基本类型的指针变量，则该指针变量就指向了二维数组，此后，就可以通过该指针变量去访问二维数组。例如：

```
int *p, a[3][4];
p = a;
```

【例 9.10】用指向数组元素的指针输出二维数组的各元素。

```
#include"stdio.h"
void main()
{
    int b[2][3]={2, 42, 3, 16, 21, 9};
    int *p;
    for(p=b[0]; p<b[0]+6; p++)
    {
        if((p-b[0])%3==0) printf("\n");    /*每行输出3个数*/
        printf("%5d", *p);
    }
        printf("\n");
}
```

运行结果：

```
  2   42    3
 16   21    9
```

【说明】

因为 p 是指向数组元素的指针，每次循环使 p++指向下一个元素的指针。这是一种顺序输出数组中各元素的方法，实际上是将二维数组看成是按行连续存放的一维数组。

【练习】

在例 9.10 已实现功能的基础上，再实现求最大值的功能。

2. 指向二维数组行的指针

指向二维数组某一行的指针，称为行指针。

定义形式：

```
数据类型 (*指针)[n]
```

其中，指针名连同其前面的“*”一定要用圆括号括起来，n 表示二维数组的列数，指针指向一维数组的长度。

例如：

```
int  a[3][4];
int  (*p) [4];
p=a[0];
```

行指针的移动是以行为单位，不能指向数组中的第 j 个元素，但可用行指针引用。

当行指针 p 指向二维数组的第一行，则*p 表示 a[0]、*((*p)+1)、(*p)[1]、p[0][1]均表示 a[0][1]，以此类推，通过行指针访问任一个数组元素的形式有：

```
*(*(p+i)+j)   (*p+i)[j]       p[i][j]
```

【例 9.11】用指向二维数组元素的行指针输出二维数组的各元素。

```
#include "stdio.h"
void main()
{
    int b[2][3]={2, 42, 3, 16, 21, 9};
    int  (*p)[3], i, j;
    for(p=b, i=0; i<2; i++)
    {
        for(j=0; j<3; j++)
            printf("%5d", *(*(p+i)+j));
        printf("\n");
    }
    for(p=b; p<b+2; p++)
    {
        for(j=0; j<3; j++)
            printf("%5d", *(*p+j));
        printf("\n");
    }
}
```

运行结果：

```
  2   42    3
 16   21    9
  2   42    3
 16   21    9
```

【说明】

该程序使用行指针p两次输出二维整型数组b的各数组元素。第一次用for循环输出二维数组元素时，指针变量p保持不变，用*(*(p+i)+j)代表数组元素a[i][j]，当然也可以用(*p+i)[j]、p[i][j]输出数组元素。第二次用for循环输出二维数组元素时，每次执行外循环使p的值加1，p指向下一行，而*p代表该行第0列元素的地址，*p+j是指针p所指行的第j个元素的地址。

通过以上两例，可以看出两种指针变量的使用区别：指向数组元素的指针变量可以访问任意长度的数组，指向数组行的指针变量只能访问固定长度的数组。

【例9.12】求出二维数组中所有元素的和。

```
#include"stdio.h"
void main()
{
    int a[3][3]={1, 2, 3, 4, 5, 6, 7, 8, 9};
    int *p;
   int sum=0;
   for(p=*a; p<*a+9; p++)            /* *a表示第0行第0列的地址*/
       sum=sum+*p;
   printf("二维数组元素的总和=%d\n", sum);
}
```

【说明】

*a表示第0行第0列的地址，*a+8表示二维数组最后一个元素的位置。p++使p指向下一个数组元素。

【思考】

用指针实现，求出二维数组中所有元素的最大值。

9.3.5　用指针实现N位选手5个评分的输入和输出

【任务分析】N位选手5个评分需要定义一个二维数组，N行5列，同时定义一个指向二维数组的指针数组，如下：

```
int grade[N][5];
int  (*p) [4];
p= grade[0];
```

则通过行指针访问任一个数组元素的形式有：

```
*(*(p+i)+j)          (*p+i)[j]        p[i][j]。
```

下面用*(*(p+i)+j)的访问法，编写程序可参考：

```
#include "stdio.h"
#define N 5              /*5名选手*/
void main()
{
    int grade[N][5];
    int (*p)[5], i, j;
    p= grade;
    printf("请输入%d位选手5个评分：\n", N);
```

```
        for(i=0; i<N; i++)
        {
                for(j=0; j<5; j++)
                scanf("%8d", (*(p+i)+j));
            }
            printf("************************\n");
        for(i=0; i<N; i++)
        {
            for(j=0; j<5; j++)
                printf("%8d", *(*(p+i)+j));
            printf("\n");
        }
    }
```

【练习】

1. 用其他两种访问法编写程序；
2. 试在以上程序的基础上，计算各选手的最后得分。

9.3.6　指向数组的指针作函数的参数

在任务八中介绍过用数组名做函数的实参和形参的问题。在学习指针变量之后这个问题就更容易理解了。数组名就是数组的首地址，实参在函数调用时，是把数组首地址传送给形参，所以实参向形参传递数组名实际上就是传递数组的首地址。形参得到该地址后指向同一个数组，即形参和实参共享同一空间。这就好像同一件物品有两个不同的名称一样。同样，数组指针变量的值即为数组的首地址，当然也可以作为函数的参数使用。

【例 9.13】将数组 a 中的 n 个整数按相反的顺序存放。

【程序代码】

```
    #include "stdio.h"
    void inv(int x[], int n)
    {
         int m, temp, i, j;
         m=(n-1)/2;
         for(i=0; i<=m; i++)
            {
                  j=n-1-i;
                  temp=x[i]; x[i]=x[j]; x[j]=temp;
            }
    }
    void main()
    {
            int i, *p, a[10]={1, 2, 3, 4, 5, 6, 7, 8, 9, 10};
            p=a;
            inv(p, 10);
        for(i=0; i<10; i++)
```

```
            printf("%d, ", a[i]);
        printf("\n");
    }
```

【说明】

本题中函数的形参是数组，调用函数时将数组指针变量作为函数的实参传递给了形参。

输出结果：10, 9, 8, 7, 6, 5, 4, 3, 2, 1

【例 9.14】使用函数从 n 个数中找出最大值和最小值，并在主调函数中输出。

【程序代码】

```
#include "stdio.h"
#define N 5
float max_element(float b[], int n);
void main()
{
        float a[N];
        float *pa = a;                  /*定义指针变量，并指向数组*/
        int i;
        float max;
        for(i = 0; i < N; i++)          /*输入数据*/
        scanf("%f", &a[i]);
        max = max_element(pa, N);       /*函数调用的实参是指针*/
        printf("max = %.2f\n", max);
}
float max_element(float b[], int n)     /*函数形参为数组*/
{
        float max;
        int j;
        max = b[0];
        for(j = 1; j <= n; j++)
           if(max < b[j]) max = b[j];
        return max;
}
```

【练习】

将例 9.14 中函数的形参修改为指针变量实现同样的功能。

【例 9.15】输出二维数组中各元素的值，要求用函数输出。

【程序代码 1】

```
#include "stdio.h"
void pp(int (*p)[4])
{
        int i, j;
        for(i=0; i<3; i++)
        {
```

```
            for(j=0; j<4; j++)
             printf("%5d", *(*(p+i)+j));
            printf("\n");
        }
}
void main()
{
        int s[3][4]={1, 2, 3, 4, 5, 6, 7, 8, 9, 10, 11, 12};
        int i, j;
        pp(s);
}
```

【说明】

函数参数 int (*p)[4]表示指向含 4 个元素的一维整型数组的指针变量（是指针）。

输出结果:

```
1   2   3   4
5   6   7   8
9  10  11  12
```

【程序代码 2】

```
#include "stdio.h"
void pp(int a[][4])
{
        int i, j;
        for(i=0; i<3; i++)
        {
            for(j=0; j<4; j++)
            printf("%5d", *(*(a+i)+j));
            printf("\n");
        }
}
void main()
{
        int s[3][4]={1, 2, 3, 4, 5, 6, 7, 8, 9, 10, 11, 12};
        int i, j;
        pp(s);
}
```

【说明】

函数参数采用数组。

【练习】

将数组 a 中的 n 个整数按从高到低的顺序存放。

【例 9.16】某公司有 3 名销售员销售三个品牌的饮水机，用指针实现所有销售员各类销售量的输入、输出以及输出创造最高销售量的销售员（在函数中进行）。

```
#include "stdio.h"
void print(int (*p)[4], int n)      /*输出数组元素的函数*/
```

```
{
        int i, j;
        for(i=0; i<n; i++)
        {
            for(j=0; j<4; j++)
            printf("%5d", *(*(p+i)+j));
            printf("\n");
         }
  }
void get_sum(int (*p)[4], int n)    /*求每个销售员的总销售量*/
{
         int i, j;
         for(i=0; i<n; i++)
        {
            for(j=0; j<3; j++)
          *(*(p+i)+3)+=*(*(p+i)+j);
         }
}
int get_max(int (*p)[4], int n)    /*求创造最高销售量的是第几位销售员*/
{
        int i, max, k;
        max=*(p[0]+3);
        k=0;
        for(i=1; i<n; i++)
        if(*(*(p+i)+3)>max)
            k=i;

    return k;
}
void main()
{
        int s[3][4]={182, 378, 290, 0, 282, 390, 450, 0, 382, 168, 246, 0};
        /*0的位置将存放三名销售员各自的总销售量*/
        int i, k;
        get_sum(s, 3);              /*调用求每个销售员总销售量的函数*/
        print(s, 3);                /*调用输出函数*/
        printf("最高销售量记录为: \n");
        k=get_max(s, 3);            /*调用求创造最高销售量的是第几位销售员的函数*/
        for(i=0; i<4; i++)
          printf("%5d", s[k][i]);
        printf("\n");
}
```

【说明】

3 名销售员销售 3 个品牌的饮水机的销售量存放在一个 3×4 的二维数组中，其中最后一列用来存放每名销售员销售量之和。

任务 9.4　字符串的指针

9.4.1　指向字符串的指针变量

在 C 语言中，字符串是存放在字符数组中的。为了对字符串进行操作，可定义一个字符数组，也可以定义一个字符指针。

【例 9.17】用字符数组实现对字符串的处理。

```
void main()
{
    char s[]="I love China!";
        printf("%s\n", s);
}
```

【说明】

数组名 s 代表字符数组的首地址，实际上是字符串存放的起始指针（因为地址就是指针，这是一个常量指针），而字符串的字符依次从低地址往高地址存放。如图 9.8 所示。字符串的名字是一个地址常量，所以字符串可认为是一个指针量。

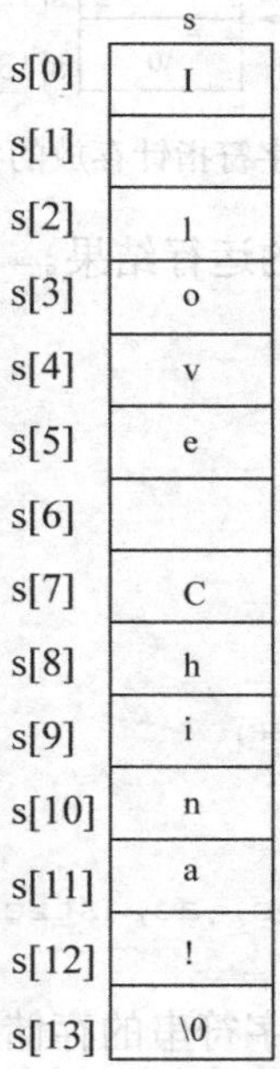

图 9.8　一维数组存放的字符串

注：可借用定义指针的方法对字符串进行说明，通过字符指针处理字符串，而不用字符数组。

上例用字符指针定义

```
char *s="I love China!";
```

这个定义语句通知计算机在内存中开辟一个存储区域，它的首地址由字符指针 s 表示，在这个区域内依次存放‘I’、‘ ’、‘l’ …… ‘!’这 13 个字符加上‘\0’。如图 9.9 所示。虽然没有定义字符数组，但字符串是按字符数组来处理的。

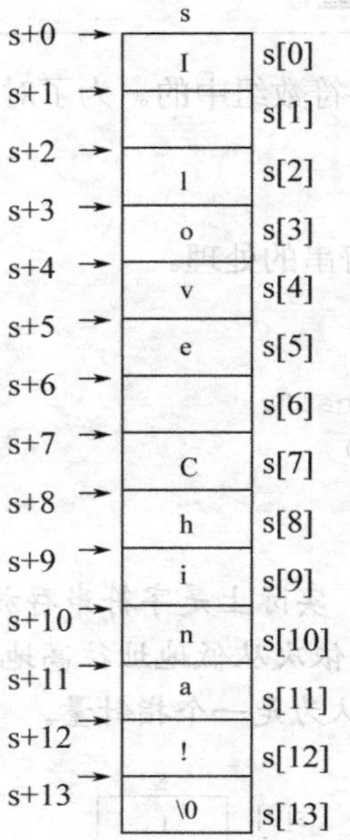

图 9.9　按字符指针存放的字符串

【例 9.18】阅读下面程序，写出程序的运行结果。

```
#include "stdio.h"
#include "string.h"
void main()
{
    int i;
    char *pc, ac[10];
    pc="abcd";
    for(i=0; pc[i]!='\0'; i++)
        ac[i]=pc[i];
    ac[i]='\0';
    printf("%s\t%s\t%d\n", pc, ac, strcmp(pc, ac));
}
```

虽然用字符数组和字符指针都能实现字符串的存储和运算，但它们二者之间是有区别的：

1．字符数组方式

```
char s[ ]="China";
```

① 字符数组一旦定义，编译系统为字符数组分配一段连续的内存单元，每个数组元素都有自己的名字：s[0]、s[1]、……、s[5]。

② s 是数组名，是一个地址常量，不能重新赋值。

③ 字符数组不能用赋值语句整体赋值，如：

```
s="China";
```

这是错误的。

只能逐个赋值：

```
s[0]='C'、s[1]='h'、……、s[4]='a'
```

可用 scanf("%s", s); 整体输入字符串。

2. 用字符指针方式

```
char *sp="China";
```

① 字符指针定义时，编译系统仅为字符指针*sp 分配一个用于存放指针变量的单元，运行时才把字符串的首地址赋给字符指针，即字符指针 sp 只存放字符串的首地址，而不是字符串本身。但各字符可通过指针来引用：*(sp+0)、*(sp+1)、……。也可写成：sp[0]、sp[1]、……的形式，但含义与数组方式不同。

② sp 是指针变量，可重新赋值。如：

```
char *sp="China", *sq="Japan";
  sp=sq;
```

③ 指针可用赋值语句整体赋值，如：

```
sp="China";
```

【例 9.19】将两个字符串进行交换。

```
void main()
{
    char *ch1="ABC", *ch2="XYZ", *t;
    t=ch1;
    ch1=ch2;
    ch2=t ;
    printf("ch1=%s\tch2=%s\n", ch1, ch2);
}
```

运行结果：ch1=XYZ ch2=ABC

【说明】

将字符指针看成字符串变量，可以将字符串进行整体赋值，解决数组中较难解决的问题，所以，用字符指针使得字符串的处理变得更为方便和灵活。

但不提倡 scanf("%s", sp); 整体输入字符串。可先定义一个字符数组，使字符指针指向数组的首地址，如：

```
char s[5], *sp=s;
scanf("%s", sp);
```

【练习】

用字符指针实现输入两个字符串，不用字符串连接函数，将第二个字符串连接到第一个字符串后面。

9.4.2 程序举例

【例 9.20】党支部评优的时候，有 3 位候选人，现要求对 3 位候选人以姓氏的英文字母排序，请用 C 语言中的字符指针解决此问题。

```
#include "stdio.h"
#include "string.h"     /*因为要用到strcmp函数*/
void main()
{
    char *name1="张晓丽", *name2="李刚", *name3="王伟", *t;
    if(strcmp(name1, name2)>0)
    {   t=name1; name1=name2; name2=t; }
    if(strcmp(name1, name3)>0)
    {   t=name1; name1=name3; name3=t; }
    if(strcmp(name2, name3)>0)
    {   t=name2; name2=name3; name3=t; }
    printf("输出的姓名为: \n");
    printf("%s\n", name1);
    printf("%s\n", name2);
    printf("%s\n", name3);
}
```

【说明】

本题用 name1、name2、name3 三个字符指针指向字符串的第一个元素，在 3 个字符串中存储了 3 位候选人的姓名，在 strcmp()函数中用这些字符指针进行比较，实现了姓名的排序。

【例 9.21】 用指针实现，将字符串 str1 复制到字符串 str2。

```
#include"stdio.h"
void main()
{
    char str1[] = "What's your name?", str2[20];
    int i;
    for(i = 0; *(str1+i) != '\0'; i++)
    *(str2+i) = *(str1+i);
    *(str2+i) = '\0';                        /*设置字符串str2的结束标志*/
    printf("String str1:\t%s\n", str1);     /*指针法*/
    printf("String str2:\t");
    for(i = 0; str2[i] != '\0'; i++)        /*按数组元素输出*/
    printf("%c", str2[i]);                  /*数组下标法*/
    printf("\n");
}
```

【说明】

在程序中，str1 和 str2 都定义为字符数组。在第一个 for 循环中，先检查*(str1+i)(即 str1[i])是否为字符'\0'，若不为'\0'，表示字符串尚未处理完，就将*(str1+i)的值赋给*(str2+i)。最后通过语句“*(str2+i) = '\0';”将字符串的结束标志'\0'复制到 str2。第二个 for 循环是采用数组下标法表示一个数组元素的。

9.4.3 自己动手

1. 用指针实现求两个最大公约数，编写 fun()函数并运行。

```
#include "stdio.h"
 fun (int *p, int *q)
 {

 }
 void main()
 {
     int x, y, z;
     scanf ("%d%d", &x, &y) ;
     z=fun (&x, &y);
     printf ("最大公约数=%d\n", z);
 }
```

2. 以下程序的功能是：将输入的字符串反向输出，请将程序补充完整并运行。

```
 #include "stdio.h"
 #include "string.h"
 void main()
 {
     char *pstr, str[50];
     int  i, n;
     pstr=str;
     gets(pstr);
     n=_______________;
     while(_______________)
     {
     _________________;
         printf("%c", *pstr);
     }
 }
```

3. 完成判定一个子串在一个字符串中出现的次数的函数，如果该子串不出现则返回 0。

```
 #include "stdio.h"
 #include "string.h"
 fs(char  _______, char _______)
 {

 }
 void main()
 {
     char s1[20], s2[10] ;
     int n ;
     gets(s1) ; gets(s2) ;
     n=fs(s1, s2) ;
     if (n==0)  printf("在字符串%s中没有子串%s\n", s1, s2);
     else  printf("在字符串%s中出现子串%s的次数为%d\n", s1, s2, n);
 }
```

任务 9.5　用指针优化评分系统

【任务分析】任务八已经完成简易评分系统，在此基础上用指针实现，输出比赛的成绩单。同时本任务的 9.3.5 已用指针实现 N 位选手 5 个评分的输入和输出。接下来就用 9.3.6 指向数组的指针作函数的参数的知识点优化计算最后得分的功能函数。

用指针运算实现系统数据的输入/输出功能模块。数据结构的设计：N 位选手 5 个评分存放在 N×7 的二维数组中，其中第一列用来存放选手编号，最后一列用来存放每名选手的最后得分。本程序定义了 3 个函数：函数 cal()计算一个选手得分；函数 sort()完成从高到低的排序；主函数 main()实现输入和输出及调用子函数。解决方法可参考如下程序：

```
#include "stdio.h"
#define  N  3                          /*3名选手*/
#define  M  7                          /*5个评分加编号跟最后得分*/
int cal(int a[M]);                     /* 自定义函数，计算一个选手得分 */
void sort(int d[N][M]);                /* 自定义函数，完成排序 */
void  main()
{
     int grade[N][M];
     int (*p)[M], i, j;
     p= grade;
     for(i=0; i<N; i++)
     {   p[i][0] =1000+i+1;        /*选手的编号从1001开始*/
         printf("\n请输入%d号选手的5个评分\n", p[i][0]);
         for(j=1; j<=M-2; j++)
         {
             printf("评分%d:", j);
             scanf("%d", (*(p+i)+j));
         }
         p[i][M-1]=cal(p+i);       /*调用函数cal计算选手得分，存储在最后一列j=M-1*/
         printf("\n%d号选手最后得分 %d 分\n", p[i][0],p[i][j]);
}
     sort(p);                          /*调用函数sort()排序*/
     printf("\n********************\n");
     printf("\n名次\t编号");
     for(i=0;i<M-2;i++)
        printf("\t评分%d",i+1);
     printf("\t得分\n");               /*输出结果*/
     for(i=0;i<N;i++)
  {  printf("%d\t",i+1);               /*输出名次*/
     for(j=0;j<M;j++)
         printf("%d\t",*(*(p+i)+j));
     printf("\n");
  }
```

```
 getch();
}
/* 自定义函数，计算一个选手得分 */
int cal(int a[M])
{     int  i,max,min,result;
      max=min=result=a[1];
      for(i=2;i<M-1;i++)
      {
          if(a[i]>max)max=a[i];
          if(a[i]<min)min=a[i];
          result+=a[i];
      }
      return result-max-min;
}
/* 自定义函数，完成排序 */
void sort(int d[N][M])
{     int  i,j,k,t;
      for(i=0;i<N-1;i++)
          for(j=i+1;j<N;j++)
              if(d[i][M-1]<d[j][M-1])
                  for(k=0;k<M;k++)
                      t=d[i][k],d[i][k]=d[j][k],d[j][k]=t;
}
```

实训 10　利用指针设计评分系统

一、实训目的

- 掌握指针变量的定义与使用
- 掌握指针与变量、指针与数组的关系
- 掌握指向结构体的指针的运用

二、实训内容

1. 验证 9.1，9.2 中的例题及相关习题中的部分练习。学习并总结指针的相关用法。
2. 写出如下程序的输出结果：

①

```
main()
 { int a,b;
   int  *p1, *p2;
     a=100;b=10;
     p1=&a;p2=&b;
     printf("%d,%d\n",a,b);
     printf("%d,%d\n",*p1,*p2); }
```

程序运行后其输出结果为________________。

②

```
main()
  { int *p1, *p2, *p,a,b;
    scanf("%d,%d",&a,&b);
    p1=&a;p2=&b;
     if(a<b)  {p=p1;p1=p2;p2=p;}
     printf("a=%d,b=%d\n",a,b);
     printf("max=%d,min=%d\n",*p1,*p2)
     }
```

程序运行时，从键盘输入：6，8 并确定，则输出结果为____________。

3. 编程：利用指针设计评分系统。

习 题 9

一、选择题

（1）若有定义：int（*p）[4];，则标识符 p（　　）。

A. 是一个指向整型变量的指针

B. 是一个指针数组名

C. 是一个指针，它指向一个含有 4 个整型元素的一维数组

D. 说明不合法

（2）在以下选项中，操作不合法的一组是（　　）。

A. int x[6], *p; p=&x[0];

B. int x[6], *p; *p=x;

C. int x[6], *p; p=x;

D. int x[6], p; p=x[0];

（3）有以下程序：

```
void main()
{
      int a[]={2, 4, 6, 8, 10}, x, y=0, *p;
      p=&a[1];
      for(x=0; x<3; x++)
          y+=*(p+x);
      printf("%d \n", y);
}
```

程序执行后 y 的值是（　　）。

A. 16　　B. 17　　C. 18　　D. 19

（4）设有如下函数定义：

```
int f(char *s)
{
    char *p=s;
    while(*p!='\0') p++;
    return(p-s) ;
}
```

如果在主程序中用下面的语句调用上述函数，则输出结果为（　　）。

```
printf("%d\n", f("goodbye!"));
```

A. 3　　B. 6　　C. 8　　D. 0

（5）以下程序段的结果为（　　）。

```
char str[ ]= "Program", *ptr=str ;
for( ; ptr<str+7; ptr+=2 )
    putchar(*ptr) ;
```

A. Program　　B. Porm　　C. Por　　D. 有语法错误

（6）说明语句如下：int a[10]={1，2，3，4，5，6，7，8，9}，*p=a；则数值为 6 的表达式是（　　）。

A. *p+6　　B. *(p+6)　　C. p+5　　D. *p+=5

（7）以下程序的输出结果是（　　）。

```
main()
{
int x[5]={10,20,30,40,50},*p;
   p=x;
   *p++;
   printf("%d", *p);
}
```

A. 10　　B. 11　　C. 20　　D. 21

（8）下面函数的功能是（　　）。

```
int fun(char *x)
{
    char *y=x;
    while (*y++) ;
    return y-x-1;
}
```

A. 求字符串的大小　　B. 比较字符串的大小

C. 将字符串 x 复制到字符串 y 中　　D. 将字符串 x 连接到字符串 y 后面

二、填空题

（1）在指针定义中的“*”符号表示__________，在使用过程中若该指针变量名的前面用“*”符号，则表示__________，在使用过程中若该指针变量名的前面不用“*”符号，则表示__________。

（2）当一个指针变量 p 指向一个数组时，p 表示指向一个________元素，p+1 指向________元素，当该数组是整型值时，其指向数组地址值应增加__________；当该数组是单精度型值时，其指向数组地址值应增加____________。

（3）有以下的语句，则输出结果是__________。

```
char *sp="\"D:\\ANI.TXT\" ";
printf("%s", sp);
```

（4）以下程序段的输出结果是__________。

```
#include "stdio.h"
int ast(int x, int y, int *cp, int *dp)
{
    *cp=x+y;
        *dp=x-y;
}
void main()
{
    int a, b, c, d;
        a=4, b=3 ;
        ast(a, b, &c, &d) ;
        printf("%d %d\n", c, d);
}
```

（5）以下函数把b字符串连接到a字符串的后面，并返回a中新字符串的长度，请填空。

```
strlen(char a[], char b[])
{
    int i=0, j=0;
    while(*(a+i)!=__________ )  i++;
        while(b[j]) {*(a+i)=b[j]; i++; __________ ; }
        return i;      }
```

三、下列程序有哪些错误？请解释错误原因。

（1）

```
void main()
{
    int *p=&a;
    int a;
    printf ("%d\n", *p);
}
```

（2）

```
void main()
{
    int a, *p;
        a=10; *p=a;
    printf ("%d, %d\n", a, *p);
}
```

（3）

```
void main()
{
    float x=123.1;
    int *p;
```

```
        p=&x;
        printf ("%f\n", *p);
    }
```

（4）

```
  void main()
    {
        char *p, str[10];
            str="COM";
            scanf ("%s", p);
            printf ("%s, %s\n", *p, str);
    }
```

四、编程题（要求用指针方法处理）

（1）输入一个 N 个整型的数组，将其中最小的数与第一个数交换，最大的数与最后一个数交换，输出交换后的数组。

（2）编写一个具有求一个字符串长度功能函数。要求在 main 函数中输入字符串，并输出其长度。

（3）八进制转换为十进制。

（4）计算字符串中子串出现的次数。

任务十

设计完整评分系统

任务描述

◆ 将选手姓名、评委打分、最后得分及名次列表输出

学习要点

◆ 构造类型的含义
◆ 结构体数据的使用方法
◆ 掌握定义结构体类型及其变量的方法
◆ 掌握结构体数组的使用方法
◆ 了解共用体类型、枚举类型的定义及其变量的使用方法

学习目标

◆ 掌握结构体类型的定义
◆ 掌握结构体类型变量的定义方法和结构体变量成员的访问
◆ 熟悉结构体数组和指向结构体的指针变量的使用
◆ 熟悉结构体在解决实际问题中的使用
◆ 了解共用体类型、枚举类型的定义及其变量的使用方法

专业词汇

struct　结构体	union　共用体	members　成员
enum　枚举	size of　所占内存字节数	

【任务说明】 设计出完整的评分系统，增加每位选手的基本信息，包括编号、姓名、年龄、性别、专业班级和 5 位评委给分，最后得分及名次。现在对评分系统进行如下管理：①录入和显示每位选手的基本信息和给分；②计算出每位选手的最后得分及名次。系统的录入界面和运行结果如图 10.1 所示。

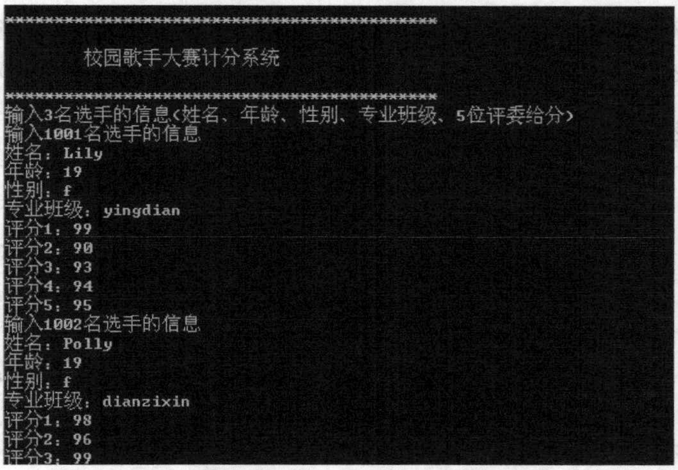

（a）评分系统的数据录入界面

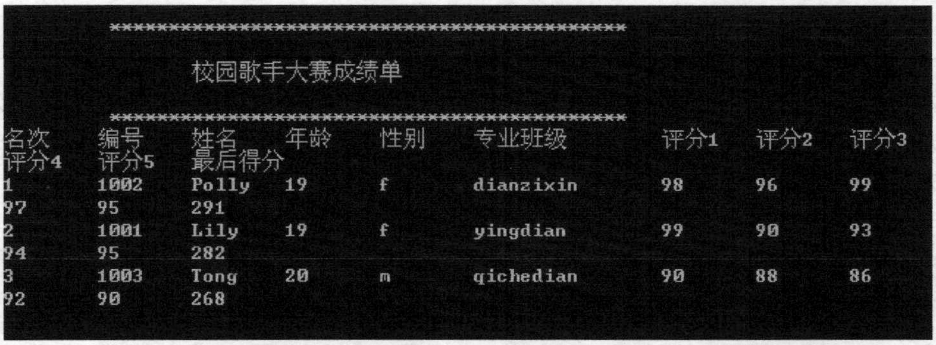

（b）输出的成绩单

图 10.1　程序运行界面

在这个任务中，我们需要解决以下几个问题：

（1）本项目需要处理的数据有哪些？如何对这些数据进行组织？

（2）选手的基本信息定义成什么类型的变量？

（3）如何对选手信息进行录入和输出？

（4）如何对大批量的选手信息数据进行处理？

（5）如何计算出选手的最后得分及名次，打印出比赛的成绩单？

本任务由四个子任务组成。确定选手基本信息的类型；输入和输出选手的基本信息；对大批量的选手数据进行处理；计算选手的最后得分及名次。

最后了解共用体类型、枚举类型的定义及其变量的使用方法。

任务 10.1　确定选手基本信息的类型

对选手的基本信息进行处理，首先需要把选手的基本信息，包括编号、姓名、年龄、性别、专业班级、5 位评委给分、最后得分及名次等相关信息录入计算机，保存到相应的变量中，否则计算机无法对这些数据进行处理。本任务讲述确定使用什么类型的变量来保存这些数据。

10.1.1 结构体类型

在前面各章节中，已经介绍了很多的数据类型，例如整型、实型、字符型等，它们都是系统提供的基本数据类型，其特点是只能表示某一种单一的数据，而且表示的数据之间是独立的，无从属关系。另外，为了处理大批量的数据，也介绍了构造类型——数组，但是数组的使用局限于所有元素必须是同一类型的数据集合体。然而，本任务中所涉及的选手基本信息包含了编号、姓名、年龄、性别、专业班级、5 位评委给分、最后得分及名次，是不同数据类型的数据的集合体，无法用数组来定义。另外，由于它们是一个完整的信息，又不能把它们拆成多个单独的数据项，所以我们必须使用新的数据类型来解决这个问题。C 语言对此提供了一种称为结构体的复合数据类型，结构体为处理这种复杂的数据结构提供了有效的手段。

10.1.2 定义选手结构体类型

结构体（structure）是由不同数据类型的数据组成的。组成结构体的每个数据称为该结构体类型的成员项，简称成员（member）。在程序中使用结构体时，首先要对结构体的组成进行描述，即进行**结构体类型**定义，然后定义**结构体类型的变量**。

定义一个**结构体类型**的一般格式为：

```
struct 结构体类型名
{
      数据类型 成员名1;
      数据类型 成员名2;
      ……
      数据类型 成员名n;
};
```

其中，struct 是关键字，作为定义结构体类型的标志，后面紧跟的是结构体名，由用户自定义，花括号内是结构体的成员说明表，用来说明该结构体有哪些成员及它们的数据类型。花括号外的分号不能省略，它表示一种结构体类型说明的终止。

例如，定义一个表示日期的结构体类型。

```
struct date
{
      int  year;       /*年*/
      int  month;     /*月*/
      int  day;       /*日*/
};
```

【说明】

（1）结构体成员的类型可能是一个简单的类型、数组类型或者是结构体类型等任何数据类型。当一个结构体类型的成员项又是另一个结构体类型的变量时，就形成了结构体嵌套。在数据处理中有时要使用结构体嵌套处理结构比较复杂的数据集合。

例如，下面定义了一个银行存款账户的结构体类型，假设存款单的必要项目有账号、姓名、开户日期和金额等基本信息。

```
struct  account
{
     long  id;
     char  name[20];
     struct  date  Date;
     /*该成员项是结构体类型struct  date，形成了结构体类型的嵌套定义形式*/
     float  money;
};
```

（2）在定义结构体类型时，数据类型相同的成员可以在一行中说明，成员间用逗号分开。例如上述表示日期的结构体类型可以定义成为：

```
struct  date
{
     int  year,month,day;
};
```

（3）结构体类型定义之后就和基本数据类型一样，只规定了内存分配方式，并不实际占用内存的空间。某种结构体类型需占用的内存字节数，是各成员所占字节数的总和，也可以用 size of（结构体类型名）来确定。应当明确，只有在定义了变量以后，系统才为所定义的变量分配相应的存储空间。

（4）结构体类型定义可以在函数的内部，也可以在函数的外部。在函数内部定义的结构体，其作用域仅限于该函数内部，而在函数外部定义的结构体，其作用域是从定义处开始到本文件结束。

问题情景

本任务中提到选手的基本信息，由编号（长整型），姓名（字符型数组），年龄（整型）、性别（字符型），专业班级（字符型数组），5 位评委给分（整型数组）、最后得分（整型）及名次（整型）组成。它们的处理对象均为参赛的选手，但又都分别属于不同的类型。接下来就用结构体类型来描述由不同类型数据组成的“复杂类型”。如表 10.1 所示。

表 10.1　选手结构体类型数据项的描述

编　号	姓　名	年　龄	性　别	专业班级	5位评委给分	最后得分	名　次
长整型	字符数组	整型	字符型	字符数组	整型数组	整型	整型

实现过程

选手结构体类型可用下列语句来定义。

```
struct  player                    /*结构体类型*/
{
```

```
        long  num;                /*编号*/
        char  name[20];           /*姓名*/
        int   age;                /*年龄*/
        char  sex;                /*性别*/
        char  department [20];    /*专业班级*/
        int  grade[5];            /*5位评委给分*/
        int  score;               /*最后得分*/
        int  rank;                /*名次*/
    };
```

这里定义了一个 struct player 结构体类型，它包括了 8 个成员，分别为 num，name，age，sex，department，grade，score 和 rank。

【练习】

在设计学生成绩管理系统中，学生的信息包括学号、姓名、性别、年龄、专业班级、各科成绩、总分和名次，为了存放学生的基本信息，应如何定义学生结构体类型？

10.1.3　定义选手结构体类型变量

结构体类型的作用跟 int、float 一样，并不代表具体的数据，只规定了内存的分配模式，系统对之还不分配实际的内存单元。为了能在程序中使用结构体类型的数据，应当定义结构体类型的变量，并在其中存放具体的数据。

定义了结构体类型之后，我们就可以定义该结构体类型的变量了。定义结构体类型变量可采用 3 种方法。

1. 间接定义

先定义结构体类型，然后再定义结构体类型变量。

例如：

```
    struct player                 /*先定义结构体类型*/
     {
        long  num;
        char  name[20];
        int  age;
        char  sex;
        char  department [20];
        int  grade[5];
        int  score;
        int  rank;
     };
    struct  player  s1, s2;       /*再定义结构体类型变量*/
```

其中 struct player 称为结构体类型名，即结构体的类型说明符，用于定义或说明变量。s1, s2 称为结构体变量名。系统给两个结构体变量分配空间。

这种定义方式在定义结构体变量时，不受结构体类型定义位置的限制，只要求先定义结构体类型后定义其变量，比较灵活。在写大型的程序中较常用。

2. 直接定义

在定义结构体类型的同时定义结构体变量。

一般格式为：

```
struct 结构体类型名
{
      数据类型 成员名1;
      数据类型 成员名2;
      ……
      数据类型 成员n;
}结构体变量名表;
```

上述选手结构体类型变量用该方法定义如下：

```
struct player                       /*结构体类型*/
{
      long  num;                    /*编号*/
      char  name[20];               /*姓名*/
      int  age;                     /*年龄*/
      char  sex;                    /*性别*/
      char  department [20];        /*专业班级*/
      int  grade[5];                /*5位评委给分*/
      int  score;                   /*最后得分*/
      int  rank;                    /*名次*/
 } s1, s2;
```

这种定义方式既定义了结构体类型，又定义了结构体变量，非常紧凑，也比较方便。

3. 一次性定义

直接定义结构体类型变量。

其一般格式为：

```
struct
{
      数据类型 成员名1;
      数据类型 成员名2;
      ……
      数据类型 成员n;
}结构体变量名表;
```

上述选手结构体类型变量定义又可写成：

```
struct player                              /*结构体类型*/
{
      long  num;                           /*编号*/
      char  name[20];                      /*姓名*/
      int  age;                            /*年龄*/
      char  sex;                           /*性别*/
      char  department [20];               /*专业班级*/
      int  grade[5];                       /*5位评委给分*/
      int  score;                          /*最后得分*/
      int  rank;                           /*名次*/
} s1, s2;
```

在这种定义方法中没有给出具体的结构体类型名，这种方法适合在程序中仅在一处定义结构体类型变量，在其他地方再定义就不方便了。

【说明】

（1）结构体类型和结构体类型变量是不同的概念，不能混淆。在定义一个结构体变量时，应该首先定义它的类型，然后再定义该类型的变量。只有定义变量之后，系统才能为变量分配相应的存储空间，分配的空间是所有成员项所占空间的总和，可以用 size of 来计算。

（2）结构体类型是可以嵌套定义的，也就是说结构体中的某个数据成员也可以是结构体类型变量。例如上述选手结构体类型变量中，当我们把数据成员年龄项改为出生日期时，其结构形式如表 10.2 所示。

表 10.2　结构体类型的嵌套

<table>
<tr><td rowspan="2">1001</td><td rowspan="2">“Liu Ying”</td><td colspan="3">birthday</td><td rowspan="2">‘M’</td><td rowspan="2">“学生”</td><td rowspan="2">93</td><td rowspan="2">98</td><td rowspan="2">90</td><td rowspan="2">99</td><td rowspan="2">94</td><td rowspan="2">285</td><td rowspan="2">1</td></tr>
<tr><td>month</td><td>day</td><td>year</td></tr>
</table>

因此，我们首先要定义一个结构体类型 struct date，再定义 struct　player1。

```
struct date                             /*定义日期结构体*/
{
    int  month;
    int  day;
    int  year;
};
struct  player1                         /*定义选手结构体*/
{
    long  num;
    char  name[20];
    struct  date  birthday;             /*定义生日结构体变量*/
    char  department [20];
    int  grade[3];
    int  sum;
    float  ave;
} s3, s4;
```

【思考】

若将最高分、最低分增加到选手的基本信息中，将如何定义选手结构体类型及其变量？

任务 10.2　选手信息的录入和输出

问题情景

定义好选手结构体类型变量之后，就可以对这些变量赋值，将选手的基本信息保存到结构体类型变量中。本任务将录入选手的信息，并将这些信息在屏幕上显示出来。

相关知识

10.2.1 结构体变量初始化

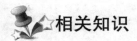

结构体类型变量的初始化就是在结构体类型变量在定义的同时，给它的每个成员赋初值。初值表用“{}”括起来，表中的数据用逗号来分隔，有点类似于数组的赋初值，对不进行初始化的成员，用逗号跳过。

例如，给上述选手结构体变量赋初值的方法如下：

```
struct  player                    /*结构体类型*/
{
    long num;                     /*编号*/
    char name[20];                /*姓名*/
    int age;                      /*年龄*/
    char sex;                     /*性别*/
    char department [20];         /*专业班级*/
    int grade[5];                 /*5位评委给分*/
    int score;                    /*最后得分*/
    int rank;                     /*名次*/
}    s1, s2={1001, "刘英", 20, 'M'," 13应电2班", 93, 98, 90, 99, 94, 0, 0};
```

以上程序段，在定义 player 结构体变量 s1, s2 的同时给 s2 变量赋初值。在给结构体变量初始化时应注意各成员项的数据类型。

【说明】

（1）一个结构体变量作为一个整体来引用。

C 语言允许两个相同类型的结构体变量之间相互赋值，这种结构体变量之间赋值的过程是一个结构体变量的成员项的值赋给另一个结构体变量的相应部分。如下面的赋值语句是合法的:

```
s1=s2;
```

运行后的结果是，将 s2 的各个成员的值赋值给 s2 的各个成员。即如表 10.3 所示。

表 10.3 结构体类型变量 s1 和 s2 各成员值

s1:	1001	“刘英”	20	‘M’	“13 应电 2 班”	93	98	90	99	94	0	0
s2:	1001	“刘英”	20	‘M’	“13 应电 2 班”	93	98	90	99	94	0	0

不允许使用赋值语句将一组常量直接赋值给一个结构体变量。如下面的赋值语句是不合法的：

```
s1={1001, "刘英", 20, 'M'," 13应电2班", 90, 92, 91, 90, 88, 0, 0};
```

（2）如果一个结构体类型内又嵌套另一个结构体类型，则对该结构体变量初始化时，也用{}括起来，按顺序写出各个初始值。

```
struct student1
{
    long num;
    char name[20];
```

```
        struct date birthday;          /*定义生日结构体变量*/
        char department[20];
        int grade[3];
        int sum;
        float ave;
    }s3={1001, "Liu Ying", {1778, 12, 1}, "软件2班", 88, 89, 90, 0, 0};
```

【练习】

对已经定义好的选手结构体变量 p1 和 p2 进行初始化。

10.2.2　结构体变量成员的访问

对结构体变量的使用，一般情况下不把它作为一个整体参加数据处理，而是用结构体的各个成员项来参加各种运算和操作。

1. 访问结构体变量的成员的一般格式

```
结构体变量名.成员名
```

其中圆点符号称为成员运算符，运算级别最高。结构体变量的各个成员类似于普通变量，可以参加各种运算，至于它们参加何种运算，由该成员的数据类型来决定。

例如上述选手结构体变量赋初值的方法如下：

```
struct  player  s1;
s1.num=1001;
strcpy(s1.name, "Liu Ying");
s1.age=20;
strcpy(s1. department, "13电信1班");
s1.grade[0]=90; s1.grade[1]=92; s1.grade[2]=91;
```

2. 逐层访问成员

前面定义了包含日期的选手结构体（struct player1），生日这个成员又是日期结构体类型。对于生日这个成员，我们可以一级一级访问其成员。例如：

```
struct  player 1  s2;
s2.birthday.year=1987;
s2.birthday.month=12;
s2.birthday.day=1;
```

3. 使用输入和输出语句实现结构体成员的录入和输出

结构体成员和简单变量是一样的，也可以使用输入和输出语句将信息进行输入和输出。

例如：

```
struct  player  s1;
scanf("%ld", &s1.num);
scanf("%s", s1.name);
scanf("%d", & s1.age);
scanf("%s", s1. department);
scanf("%d", &s1.grade[0]);
```

也可以：

```
    scanf("%ld %s %d %c %s %d %d%d", &s1.num, s1.name, &s1.age, &s1.sex ,s1.
department, &s1.grade[0], &s1.grade[1], &s1.grade[2]);
```

【练习】

对已经定义好的选手结构体变量p1和p2进行赋值（方法任选）。

10.2.3　输入和输出选手基本信息

实现过程

定义选手结构体类型及其相应的变量，录入2名选手的信息，然后将选手信息输出。解决方法可参考如下程序：

方法一：赋初值法

```
#include"stdio.h"
void main()
{
    struct player                    /*结构体类型*/
    {
        long num;                    /*编号*/
        char name[20];               /*姓名*/
        int age;                     /*年龄*/
        char sex;                    /*性别*/
        char department [20];        /*专业班级*/
        int grade[5];                /*5位评委给分*/
        int score;                   /*最后得分*/
        int rank;                    /*名次*/
        } s1={1001, "刘英", 20, 'M'," 13电信1班", 90, 92, 91, 90, 88, 0, 0},
s2={1002, "李明", 28, 'W'," 13应电2班", 92, 92, 95, 96, 94, 0, 0};
    printf("选手的信息为\n");                /*输出两名选手的信息*/
    printf("编号\t姓名\t年龄\t性别\t专业班级\t得分1\t得分2\t得分3\t得分4\t
        得分5\n");
    printf("%ld\t%s\t%d\t%c\t%s\t%d\t%d\t%d\t%d\t%d\n", s1.num, s1.name,
        s1.age, s1.sex, s1.department, s1.grade[0], s1.grade[1] ,
        s1.grade[2] , s1.grade[3] , s1.grade[4]);
    printf("%ld\t%s\t%d\t%c\t%s\t%d\t%d\t%d\t%d\t%d\n", s2.num, s2.name,
        s2.age, s2.sex, s2.department, s2.grade[0], s2.grade[1] ,
        s2.grade[2] , s2.grade[3] , s2.grade[4]);
}
```

方法二：调用输入函数

```
#include"stdio.h"
void main()
{
    struct player              /*结构体类型*/
    {
    long num;                  /*编号*/
    char name[20];             /*姓名*/
```

```
        int age;                    /*年龄*/
        char sex;                   /*性别*/
        char department [20];       /*专业班级*/
        int grade[5];               /*5位评委给分*/
        int score;                  /*最后得分*/
        int rank;                   /*名次*/
    } s1, s2;
    printf("选手的信息(编号、姓名、年龄、性别、专业班级、5位评委给分), 以空格分离\n");
    scanf("%ld %s %d %c %s %d %d %d %d %d ", &s1.num, s1.name, &s1.age, &s1.sex,
      s1.department, &s1.grade[0], &s1.grade[1], &s1.grade[2] , & s1.grade[3] ,
      &s1.grade[4]);
    scanf("%ld %s %d %c %s %d %d %d %d %d ", &s2.num, s2.name, &s2.age, &s2.sex,
      s2.department, &s2.grade[0], &s2.grade[1], &s2.grade[2] , & s2.grade[3] ,
      &s2.grade[4]);
    printf("编号\t姓名\t年龄\t性别\t专业班级\t得分1\t得分2\t得分3\t得分4\t得分
      5\n");
    printf("%ld\t%s\t%d\t%c\t%s\t%d\t%d\t%d\t%d\t%d\n", s1.num, s1.name,
      s1.age, s1.sex, s1.department, s1.grade[0], s1.grade[1] , s1.grade[2] ,
      s1.grade[3] , s1.grade[4]);
        printf("%ld\t%s\t%d\t%c\t%s\t%d\t%d\t%d\t%d\t%d\n", s2.num, s2.name,
         s2.age, s2.sex, s2.department, s2.grade[0], s2.grade[1] ,
         s2.grade[2] , s2.grade[3] , s2.grade[4]);
    }
```

任务 10.3　批量处理选手数据

前面的任务中只对两名选手的信息进行了处理，在实际的应用中，选手的人数肯定超过两名，那么如何对大量的结构体类型数据进行处理呢？本任务引入结构体数组和指针来处理大批量的结构体类型数据。

10.3.1　结构体数组

在 C 语言中，凡具有相同数据类型的数据均可以组成数组。根据同样的原则，具有相同结构体类型的也可以用数组来描述，称为结构体数组，即数组中的每一个元素都是结构体类型变量。在前面的任务中，定义了两个描述选手信息的结构体变量 sl 和 s2，每个结构体变量存放了一名选手的信息。如果定义一个结构数组 s[20]，就可以存放 20 名学生的信息。每个数组元素 s[i]就可以存放一条学生的信息。

1. 结构体数组的定义

定义结构体数组和定义结构体变量完全相似，可以采用直接方式、间接方式和一次性定义的方式。下面列举间接方式和直接方式。

1）间接方式

```
struct  player                          /*结构体类型*/
{
    long num;                           /*编号*/
    char name[20];                      /*姓名*/
    int age;                            /*年龄*/
    char sex;                           /*性别*/
    char department [20];               /*专业班级*/
    int grade[5];                       /*5位评委给分*/
    int score;                          /*最后得分*/
    int rank;                           /*名次*/
};
struct  player  s[10];
```

2）直接方式

```
struct  player                          /*结构体类型*/
{
    long num;                           /*编号*/
    char name[20];                      /*姓名*/
    int age;                            /*年龄*/
    char sex;                           /*性别*/
    char department [20];               /*专业班级*/
    int grade[5];                       /*5位评委给分*/
    int score;                          /*最后得分*/
    int rank;                           /*名次*/
} s[10];
```

定义了一个具有10个元素的结构体数组s，每个元素都是struct player类型，这些数组元素在内存中的存放是连续的。

2. 结构体数组的初始化

结构体数组的初始化，即对结构体变量中的各个元素赋初始值。

例如：

```
struct  player                          /*结构体类型*/
{
    long num;                           /*编号*/
    char name[20];                      /*姓名*/
    int age;                                /*年龄*/
    char sex;                           /*性别*/
    char department [20];               /*专业班级*/
    int grade[5];                       /*5位评委给分*/
    int score;                          /*最后得分*/
    int rank;                           /*名次*/
} s[3] ={{1001, "刘英", 20, 'M'," 13电信1班", 90, 92, 91, 90, 88, 0, 0} , {1002,
  "李明", 21, 'W'," 13应电1班", 92, 92, 95, 96, 94, 0, 0},{1003, "石磊", 12,
 'M'," 12电气1班", 88, 88, 90, 91, 91, 0, 0}};
```

另外，由于在编译时，系统会根据给出初值的结构体常量的个数自动确定数组元素的个数，因此定义数组时，允许元素个数可以不指定，即可以写成以下形式：

```
stud[]={{...}, {...} , {...}};
```

可见，结构体数组的初始化就是将结构体数组的每个元素初始化后用{}括起来，放在赋值运算符后面即可。

3. 结构体数组元素中某一成员的引用

例如：引用 s 数组中第 2 个元素的 num 成员时则写成：s[1].num，其值为 1002，引用该数组第 1 个元素的 name 成员时则写成：s[0].name，其值为"Liu Ying"。

10.3.2 输入和输出多名选手的基本信息

前面的任务已实现录入 5 名选手的信息，并将选手的信息显示出来。本任务使用输入和输出语句实现对结构体数组赋值，借助于循环将结构体数组中的元素一个一个输入，然后再一个一个输出。另外，录入选手信息时，各数据项之间用空格隔开。解决方法可参考如下程序：

```
#include"stdio.h"
void main()
{
    int i;
    struct  player                      /*结构体类型*/
    {
    long num;                           /*编号*/
    char name[20];                      /*姓名*/
    int age;                            /*年龄*/
    char sex;                           /*性别*/
    char department [20];               /*专业班级*/
    int grade[5];                       /*5位评委给分*/
    int score;                          /*最后得分*/
    int rank;                           /*名次*/
    }s[5];
        printf("选手的信息(编号、姓名、年龄、性别、专业班级、5位评委给分),以空格分离\n");
        for(i=0; i<5; i++)
            scanf("%ld %s %d %c %s %d %d %d %d %d ", &s[i].num, s[i].name,
            &s[i].age, &s[i].sex, s[i].department, &s[i].grade[0],
            &s[i]1.grade[1], &s[i].grade[2] , & s[i].grade[3] ,
            &s[i].grade[4]);
        printf("编号\t姓名\t年龄\t性别\t专业班级\t得分1\t得分2\t得分3\t得分4\t得分
            5\n");;
        for(i=0; i<5; i++)
            printf("%ld\t%s\t%d\t%c\t%s\t%d\t%d\t%d\t%d\t%d\n",s[i].num,
             s[i].name, s[i].age, s[i].sex, s[i].department, s[i].grade[0],
             s[i]1.grade[1], s[i].grade[2] , s[i].grade[3] , s[i].grade[4]);
}
```

【练习】

定义学生结构体数组，输入 5 名学生的信息，并将相关信息显示出来。

10.3.3 指向结构体的指针

结构体指针是一个指针变量，它指向一个结构体变量，它的值是该结构体变量所分配的存储区域的首地址。

1. 结构体指针变量定义的一般格式

```
struct 结构体名 *指针变量名
```

例如：

```
struct player *p;
```

表示指针变量 p 指向一个 struct player 类型的结构体变量。

2. 结构体指针的初始化

上面定义的结构体指针只说明了指针的类型，并没有确定它的指向，也就是说它是无所指的，必须通过初始化或赋值，把实际存在的某个结构体变量或结构体数组的首地址赋给它，才确定了它的具体指向，才使它与相应的变量或数组联系起来。例如，

```
struct player s1;
struct player *p=&s1;            /*边定义边赋初值*/
```

或

```
struct player *p;                /*先定义再赋初值*/
p=&s1;
```

3. 用指针访问结构体变量成员或结构体数组元素成员

一般格式：

```
(*指针名).成员名
```

例如：

① (*p).num　　访问 s1 结构体变量的 num 成员

② (*p).grade[0]　　访问 s1 结构体变量的 grade[0]成员

【说明】

"(*p)"表示 p 所指向的结构体变量 s1，两边的括号是不能缺少的。为了使用方便和直观，(*p).num 也可以表示为 p->num，用一个减号"-"和一个大于号">"这两个字符组成指向运算符。

因此，下面三种访问结构体变量中的成员的方法是等价的：

```
s1.成员名
(*p).成员名
p->成员名
```

4. 指向结构体数组的指针

指针也可以指向一个结构体数组，即：将该数组的起始地址赋值给此指针变量。

【例 10.1】使用结构体指针录入 5 名选手的信息，并将选手的信息显示出来。

```
#include"stdio.h"
#define N 5                      /*选手人数*/
struct student                   /*定义结构体类型*/
{
    long num;                    /*编号*/
```

```
        char  name[20];            /*姓名*/
        int  age;                  /*年龄*/
        char  sex;                 /*性别*/
        char  department [20];     /*专业班级*/
        int  grade[5];             /*5位评委给分*/
        int  score;                /*最后得分*/
        int  rank;                 /*名次*/
    }e[N], *p;                     /*定义结构体数组和结构体指针*/
    void main()
    {
        int i;
        p=e;                       /*将指针指向结构体数组*/
        printf("请输入5名选手的信息：\n");
        for(i=0; i<N; i++)
        {
            scanf("%ld %s %d %s %d %d%d", &p->num, p->name, &p->age, p->
              department, &p->grade[0], &p->grade[1], &p->grade[2] ,
                &p->grade[3], &p->grade[4]);
            p++;
        }
        printf("选手的信息为\n");
        p=e;                       /*将指针指向结构体数组*/
        printf("编号\t姓名\t年龄\t专业班级\t评分1\t评分2\t评分3\t评分4\t评分5 \n");
        for(i=0; i<N; i++)
        {
            printf("%ld\t%s\t%d\t%s\t%d\t%d\t%d\n", p->num, p->name, p->age,
            p->department, p->grade[0], p->grade[1], p->grade[2] ,
            p->grade[3], p->grade[4]);
        p++;
        }
    }
```

【说明】

① 为了操作方便，选手的人数定为 5 人。

② 在程序中，定义了结构体数组 e 和指向结构体数组的指针 p，首先将数组的首地址赋给了指针 p，在第一次循环时，输出 e[0]的各个成员值，然后执行 p++，p 指向数组的下一个元素，第二次循环时，输出 e[1]的各个成员值，以此类推，直到循环结束。过程如图 10.2 所示。

【思考】

为什么程序中有两个 p=e，它们的作用是什么？

分析：第一次使用 p=e，把数组的首地址赋给了 p，即 p 指向数组中的第一个元素；第二次使用 p=e，是因为经过第一个循环语句后，p 的值为 p+5，指向了数组外的元素，所以需要将 p 重新指向数组中的第一个元素，再次使用了 p=e。

【练习】

定义学生结构体数组，运用指针方法输入 5 名学生的信息，并将相关信息显示出来。

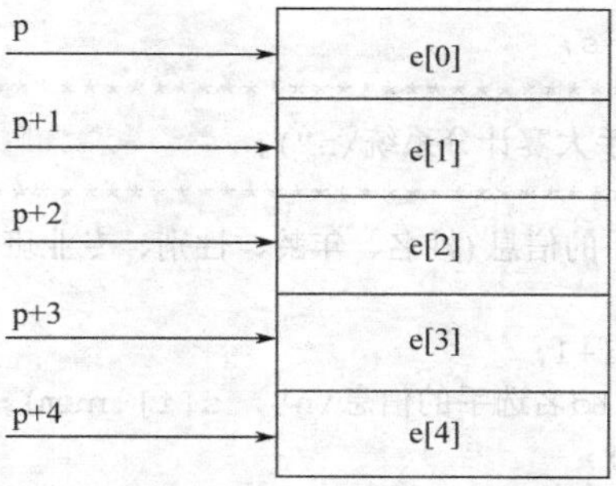

图 10.2　指向结构体数组的指针 p

任务 10.4　计算选手最后得分和名次

在前面的任务中，我们已经完成了使用结构体对选手信息数据进行定义，并将选手的相关信息保存在计算机中，现在我们就可以对学生的数据进行处理和统计了，比如统计每位选手的总分和平均分，输出总分最高分和最低分的选手信息，以及增加和删除选手记录等等。本任务调用函数计算每位选手的最后得分和名次。

结构体数据是可以在函数之间进行传递的，方法有多种。在本任务中，我们将结构体指针和结构体数组名作为函数的参数，设计函数完成计算选手的总分及平均分的任务。解决方法可参考如下程序：

```
#include "stdio.h"
#define N 6                                    /*选手的人数*/
int get_max( int a[ ] , int n);                /*找最高分的功能函数*/
int get_min( int a[ ] , int n);                /*找最低分的功能函数*/
void get_score (struct player *pt);           /*计算N名选手最后得分的功能函数*/
void scort (struct player *pt);                /*将N名选手的最后得分从高到低排序的功
                                                 能函数*/
void get_rank (struct player *pt);             /*计算选手名次的功能函数*/
struct player
{
    long num;                                  /*编号*/
    char name[20];                             /*姓名*/
    int age;                                   /*年龄*/
    char sex;                                  /*性别*/
    char department [20];                      /*专业班级*/
    int grade[5];                              /*5位评委给分*/
    int score;                                 /*最后得分*/
    int rank;                                  /*名次*/
};
void main()
{
    int i,j;
    struct player s[N];
```

```
        struct  player  *p=s;
        printf("\n*********************************************\n");
        printf("\n\t校园歌手大赛计分系统\n");
        printf("\n*********************************************\n");
        printf("输入%d名选手的信息(姓名、年龄、性别、专业班级、5位评委给分) \n", N);
        for(i=0; i<N; i++)
        {   s[i].num=1000+i+1;
            printf("\n输入%ld名选手的信息\n", s[i].num);
            printf("姓名: ");
            scanf("%s",s[i].name);
            printf("年龄: ");
            scanf("%d", &s[i].age);
            printf("性别: ");
            scanf("%c%c",&s[i].sex, &s[i].sex);   /*连续读入字符消除读入回车符*/
            printf("专业班级: ");
            scanf("%s",s[i].department);
            for(j=0;j<5;j++)
            { printf("评分%d: ",j+1);
              scanf("%d", &s[i].grade[j]);
            }
        }
        get_score (p);                /*调用计算N名选手最后得分的功能函数*/
        scort (p);                    /*调用将N名选手的最后得分从高到低排序的功能函数*/
        get_rank (p);                 /*调用计算N名选手名次的功能函数*/
        printf("\n*********************************************\n");
        printf("\n\t校园歌手大赛成绩单\n");
        printf("\n*********************************************\n");
        printf("名次\t编号\t姓名\t年龄\t性别\t专业班级\t评分1\t评分2\t评分3\t评分4\
            t评分5\t最后得分\n");
        for(i=0; i<N; i++)
        printf("%d\t%ld\t%s\t%d\t%c\t%s\t%d\t%d\t%d\t%d\t%d\t%d\n",s[i].rank,
            s[i].num,s[i].name, s[i].age, s[i].sex,s[i].department,
            s[i].grade[0],s[i].grade[1], s[i].grade[2], s[i].grade[3],
            s[i].grade[4], s[i].score);
    }
    /******找最高分的功能函数的定义部分*******/
    int  get_max( int a[ ], int  n )  /*数组名做参数，n为数组的大小*/
    {
    int  i, max;
    max=a[0];
    for(i=1; i<n; i++)
    if(max<a[i])      max=a[i];
    return(max);
    }
    /******找最低分的功能函数的定义部分*******/
    int  get_min( int a[ ], int  n ) /*数组名做参数，n为数组的大小*/
    {
        int  i, min;
```

```
    min=a[0];
    for(i=1; i<n; i++)
    if(min>a[i])  min=a[i];
    return(min);
  }
  /******计算N名选手最后得分的功能函数的定义部分******/
  void  get_score  (struct  player  *pt)          /*结构体指针做参数*/
  {
    int  i, j,max,min;
    for(i=0;i<N;i++)
    {   pt-> score =0;
        for(j=0; j<5; j++)
        pt-> score += pt->grade[j];
        max=get_max(pt->grade, 5 );         /*寻找5个评分中的最高分*/
        min=get_min(pt->grade, 5 );         /*寻找5个评分中的最低分*/
        pt-> score-=max+min;
        pt++;    }
  }
  /******将N名选手的最后得分从高到低排序的功能函数的定义部分******/
  void  scort  (struct  player  *pt)          /*结构体指针做参数*/
  {
    int  i, j;
    struct  player  t;
    for(i=0;i<N-1;i++)
    for(j=i+1;j<N;j++)
      if(pt[i].score< pt[j].score)  t=pt[i],pt[i]=pt[j],pt[j]=t;
    }
  /******计算选手名次的功能函数的定义部分******/
  void  get_rank  (struct  player  *pt)      /*结构体指针做参数*/
  {
    int  i;
    for(i=0;i<N;i++)
        pt[i].rank =i+1;
  }
```

【说明】

函数的形参为结构体指针，实参都是数组名，传递的是数组的首地址。

【练习】

完成完整的学生成绩管理系统。

任务 10.5　了解共用体类型和枚举类型

10.5.1　共用体类型

有时需要使几种不同类型的变量存放到同一段内存单元。例如可把一个整型变量、一个字符型变量、一个实型变量放在同一个地址开始的内存单元中，如图 10.3 所示。以上 3 个变量在内存中占的字节数不同，但都从同一地址开始（设从地址为 1000）存放。也就是使用覆盖技术，几个变量互相覆盖。这种使几个不同的变量共占同一段内存的结构，称为共用体类型的结构，有的也称联合体。

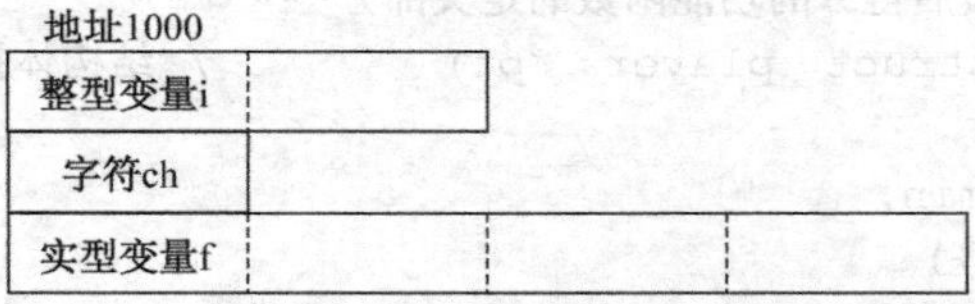

图 10.3　不同类型变量占用同一段内存

共用体的类型说明和变量定义与结构体的方式基本相同，两者本质上的区别仅在于使用内存的方式上。

1．共用体的定义

（1）共用体类型的定义

共用体类型定义的一般形式为：

```
union  共用体名
{
       数据类型  成员名1;
       数据类型  成员名2;
             ⋮
       数据类型  成员名n;
};
```

例如：

```
union  data
{
      int i;
      char ch;
      float f;
};
```

上面定义了一个共用体类型 union　data，它由 3 个成员项组成：整型成员 i、字符型成员项 ch 和浮点型成员项 f。

（2）共用体类型变量的定义

定义共用体类型的变量方式与结构体变量定义的方式相同，如可以先定义类型，再定义变量；定义类型的同时定义变量；直接定义共用体变量等。

如：

```
union data u1;
```

定义 u1 是共用体类型 union data 的变量，该变量的 3 个成员分别需要 2 个字节、1 个字节和 4 个字节。系统为共用体变量 u1 分配内存空间时并不是按所有成员所需空间的总和进行分配的，而是按其成员中字节数最大的数目分配，如为共用体变量 u1 即分配 4 个字节的存储空间。可以使用 sizeof 运算符求出共用体类型数据的长度。如

```
printf("union data size=%d\n",sizeof(union data));
```

```
    printf("union data size=%d\n", sizeof(u1));
```

运行结果都是：

union data size=4

2. 共用体变量的使用与初始化

（1）共用体变量的引用

只有先定义了共用体变量才能引用它，而且不能引用共用体变量，只能引用共用体变量中的成员。引用共用体变量中的成员项与引用结构体变量中的成员项方法相同，其引用方式为：

```
    共用体变量名.成员名
    共用体指针变量名->成员名
```

第一种方式是在普通共用体变量情况下使用，第二种方式是在共用体指针变量情况下使用。例如：

```
    union  u1,*p;
```

那么，引用 ch 成员分别用：

```
    u1.ch
    p->ch
```

不能只引用共用体变量，例如：printf("%d", u1); 是错误的，因为 u1 的存储区有好几种类型，分别占不同长度的存储区，仅写共用体名 u1，难以使系统确定究竟输出的是哪一个成员的值。

（2）共用体变量的初始化

在共用体变量定义的同时只能用第一个成员的类型的值进行初始化。共用体变量初始化的一般格式：

```
    union  共用体类型  共用体变量={第一个成员类型的数据};
```

例如，

```
    union data u1={24};
```

则使共用体变量 u1 的第一个成员获得了值，即相当于执行了 u1.i=24 语句。

3. 共用体类型数据的特点

在使用共用体类型数据时要注意以下一些特点：

（1）共用体类型变量在同一个内存段存放几种不同类型的成员，但在每一瞬时只能存放其中一种，而不是同时存放几种。也就是说，每一瞬时只有一个成员起作用，其他的成员不起作用，即不是同时都存在和起作用。

（2）共用体变量中起作用的成员是最后一次存放的成员，在存入一个新的成员后原来的成员就失去作用，例如

```
    u1.i=24;
    u1.ch='a';
    u1.f=12.45;
```

则最后引用变量 u1 的值时，只能引用其成员项 f 的值，因为最后一次赋值是向 u1.f 赋值，其他成员项的值被覆盖，无法得到其原始值。因此在引用共用体变量时应十分注意当前存放在共用体变量中的究竟是哪个成员。

（3）共用体变量的地址和它的各成员的地址都是用同一地址。例如：&u1、&u1.i、&u1.ch、

&u1.f 都是同一地址值。

（4）不能对共用体变量名赋值，不能企图引用变量名来得到一个值，也不能在定义共用体变量时对所有成员进行初始化。

【例 10.2】设有若干个人员的数据，其中有学生和教师。学生的数据中包括：编号、姓名、性别、职业、班级。教师的数据包括：编号、姓名、性别、职业、职务。可以看出，学生和教师所包含的数据是不同的。现要求把它们放在同一表格中，见表 10.4 所示。如果 job（职业）是“s”，则第 5 项为 class（班）。即 Li 是 501 班的。如果“job”项是“t”（教师），则第 5 项为 position（职务）。即 Wang 是 prof（教授）。显然对第 5 项可以用共用体来处理（将 class 和 position 放在同一段内存中）。

表 10.4　学生和教师数据

num（编号）	name（姓名）	sex（性别）	job（职业）	class(班) / position(职务)
101	Li	f	s	501
102	Wang	m	t	prof

要求输入人员的数据，然后再输出。可以定义下面的算法（如图 10.4 所示）。为简化起见，只设两个人（一个学生、一个教师）。

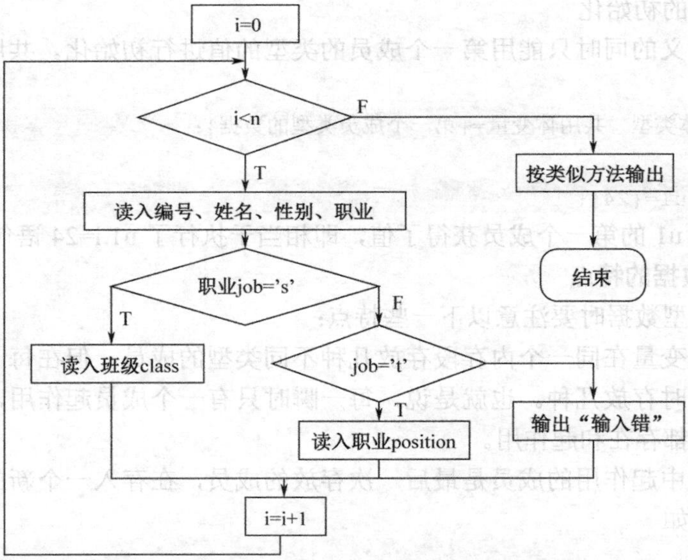

图 10.4　人员管理流程图

```
struct
{
    int num;
    char name[10];
    char sex;
    char job;
```

```
    union
    { int class;
      char position[10];
    }cate;
  }person[2];
 main()
 {
    int n,i;
    for(i=0;i<2;i++)
     { scanf("%d%s%c%c",
           &person[i].num,
           person[i].name,
           &person[i].sex,
           &person[i].job);
      if(person[i].job=='s')
       scanf("%d",& person[i].cate.class);
      else if(person[i].job=='t')
           scanf("%s",& person[i].cate.position);
      else printf("Input Error!\n");
      }
    printf("\n");
    printf("No.    Name     Sex  Job  Class/Position\n");
    for(i=0;i<2;i++)
        {if(person[i].job=='s')
        printf("%-6d%-10s%-4c%-4c%-10d\n",person[i].num,person[i].name,
          person[i].sex, person[i].job, person[i].cate.class);
        else
        printf("%-6d%-10s%-4c%-4c%-10s\n",person[i].num,person[i].name,
                 person[i].sex, person[i].job, person[i].cate.position);
     }
 }
```

从本例可以看到：在 main 函数之前定义了一个结构体数据 person，在结构体类型声明中包括了共用体类型，cate（分类）是结构体中一个成员名，在这个共用体中成员为 class 和 position，前者为整型，后者为字符串。

10.5.2　枚举类型

如果一个变量只有几种可能的值，可以定义为枚举类型。所谓枚举是指把变量的值一一列举出来，以后该变量的取值范围只能是所列举出来的值。

1. 枚举类型的定义

枚举类型定义的一般形式为：

```
enum  枚举名 {枚举常量表};
```

例如：

```
enum weekdays{Sunday,Monday,Tuesday,Wednesday,Thursday,Friday,Saturday};
```

在枚举类型定义的格式中，enum 是定义枚举类型的关键字，enum　枚举名是用户定义的枚举类型名，它是由 enum 和枚举名两部分组成，枚举常量表是一个由逗号分隔的一系列用户自定义的标识符，它列出了一个枚举类型变量可以具有的值。上例声明了一个枚举类型 enum weekday。

2. 枚举类型变量的定义

定义枚举变量可以仿照结构体变量定义方法：

（1）先定义枚举类型，再定义枚举变量。如：

```
enum  weekdays  workday;
```

（2）在定义枚举类型的同时定义枚举变量。如：

```
enum weekdays{Sunday,Monday,Tuesday,Wednesday,Thursday,Friday,Saturday}workday;
```

（3）直接定义枚举变量。如：

```
enum{Sunday,Monday,Tuesday,Wednesday,Thursday,Friday,Saturday}workday;
```

上面三种方法定义的变量 workday 是枚举类型变量，它的取值只能是 Sunday，Monday，Tuesday，Wednesday，Thursday，Friday，Saturday 中的一个。例如：

```
workday=Monday;
```

3. 枚举类型变量的使用

（1）初始化

与其他类型的变量初始化一样，在定义枚举变量时可以进行初始化。

```
enum  weekdays workday=Wednesday;
```

表示定义了枚举变量 workday，同时初始化为 Wednesday。

（2）说明

① 在 C 编译中，对枚举常量按常量处理，故称枚举常量。它们不是变量，不能对它们赋值。例如：

```
Sunday=0; Monday=1; 是错误的。
```

② 举常量是有值的，C 语言编译按定义时的顺序使它们的值分别为 0，1，2，3，….。如在上面定义中，Sunday 的值为 0，Monday 的值为 1，……，Saturday 为 6。如果有赋值语句：

```
workday= Friday;
printf("%d", workday);
```

则输出结果为：5

也可以在定义类型时改变枚举常量的值，在定义时由程序员指定。如

```
enum  weekdays{Sunday,Monday,Tuesday=100,Wednesday,Thursday,Friday=110,Saturday}
```

则各个枚举常量的值如下：

```
Sunday       0
Monday       1
Tuesday      100
Wednesday    101
Thursday     102
Friday       110
Saturday     111
```

③ 枚举值可以用来做判断比较。如

```
if(workday==Monday)......
if(workday>Sunday)......
```

枚举值的比较规则是按其在定义时的顺序号比较。如果定义时未人为指定，则第一个枚

举元素的值认作 0。因此 Saturday>Friday>Thursday……>Sunday。

④ 一个整数不能直接赋给一个枚举变量。如：

```
workday=2;
```

是错误的，它们属于不同的类型。应选进行强制类型转换才能赋值。如

```
workday=(enum weekday)2;
```

它相当于把顺序号为 2 的枚举常量（即 Tuesday）赋给 workday。

【例 10.3】编写输入 0～6 的数字，输出对应的星期日到星期六的程序。

```
main()
{
    int x;
    enum weekdays{ Sunday,Monday,Tuesday,Wednesday,Thursday,
      Friday,Saturday};
    enum weekdays day;
    printf("\nWhich day {0～6} is Today?");
    scanf("%d",&x);
    if(x<0||x>6) exit(1);
    printf("\nToday is");
    switch(x)
    {
      case 0:printf("Sunday.");break;
      case 1:printf("Monday.");break;
      case 2:printf("Tuesday.");break;
      case 3:printf("Wednesday.");break;
      case 4:printf("Thursday.");break;
      case 5:printf("Friday.");break;
      case 0:printf("Saturday.");break;
    }
}
```

程序运行情况：

Which day(0～6) is Today?4

Today is Thursday.

10.5.3 自定义类型

C 语言除了提供标准数据类型（如 int、char、float 等）、构造数据类型（结构体、共用体、指针等）外，还允许用户用 typedef 语句定义新的数据类型名代替已有数据类型名。

1. typedef 自定义类型格式

类型定义的一般形式为：

```
typedef 类型名 新类型名;
```

其中 typedef 是关键字，类型名是系统定义的标准类型名或用户自定义的构造类型名等，新类型名是用户对已有类型所取的新名字。例如：

```
typedef unsigned int uint;
```

```
typedef  unsigned char  uchar;
```

指定 uint 代表 unsigned int 类型，uchar 代表 unsigned char。这样，以下两行等价：

```
unsigned int i,j;  unsigned char x,y;
uint i,j;  uchar x,y;
```

用 typedef 可以为结构体类型、共用体类型、枚举类型等定义一个新类型名。例如：

```
typedef  struct
{
char  n,me[20];
int  age;
char*  address;
}PERSON;
```

新类型名 PERSON 就代表上述结构体类型，可以用 PERSON 来定义该结构体类型的变量。如

```
PERSON p1,p2[20];
```

用 typedef 还可以定义指针类型和数组类型等。例如

```
typedef  char  *NAME;
typedef  int  NUM[1001;
```

上述定义的 NAME 为字符指针类型，NUM 为整型数组，可以用它们来定义变量。如

```
NAME  student;
NUM  a,b;
```

相当于

```
char  *student;
int[  a[100],b[100];
```

综上所述，用 typedef 只是用新的类型名代替已有的类型名，并没有由用户建立新的数据类型。使用 typedef 进行类型定义可以增加程序的可读性，并且为程序移植提供方便。

实训 11　设计完整评分系统

一、实训目的

- 掌握结构体类型的定义
- 掌握结构体变量的定义和引用

二、实训内容

1. 编程：使用结构体输入学生的姓名和成绩，然后输出。

2. 编程：设计完整的评分系统（含选手姓名、评分、计算得分、名次）。

习 题 10

一、选择题

（1）已知：

```
struct
{   float f;
    int num;
    char c;
}s;
```

则 size of (s)的值是（　　）。

A. 4　　B. 5　　C. 6　　D. 7

（2）已知：

```
struct example
{   long num;
   char c;
   int j;
}e;
```

则下面叙述中不正确的是（　　）。

A. struct example 是结构体类型　　B. num, c, j 是结构体成员名

C. struct 是结构体类型的关键字　　D. e 是结构体类型名

（3）有以下定义：

```
struct
{   int a;
    int b;
}s1, *p;
p=&s1;
```

则对 s1 中的 b 成员的访问正确的是（　　）。

A. *(p).s1.b　　B. p->b　　C. p->s1.b　　D. p.s1.b

（4）当说明一个结构体变量时系统分配给它的内存是（　　）。

A. 各成员所需内存的总和　　B. 结构中最后一个成员所需内存量

C. 结构中第一个成员所需内存量　　D. 成员中占内存量最大者所需的容量

（5）若有以下程序段：

```
int a=1, b=2, c=3;
```

```
struct  example1
{   int  x;
    int  *y;
} e[3]={{1001, &a}, {1002, &b}, {1003, &c}};
void main()
{   struct  example1  *p;
    p=e; ……
}
```

则以下表达式值为2是（　　）。

A. (p++)->y　　B. *(p++)->y　　C. (*p).y　　D. *(++p)->y

（6）设有如下定义：

```
struct st
{   float a;
    int  b;
} d;
float *p;
```

若要使p指向d中的a域，正确的赋值语句是（　　）。

A. p＝&a　　B. p＝d.a　　C. p＝&d.a　　D. *p＝d.a

（7）有如下定义：

```
struct person
{   char name[10];
    int age;
};
struct person class[4]={"Johu",17,"Paul",19,"Mary",18,"Adam",16};
```

根据上述定义，能输出字母M的语句是（　　）。

A. printf("%c\n",class[3].name);

B. printf("%c\n",class[3].name[1]);

C. printf("%c\n",class[2].name[1]);

D. printf("%c\n",class[2].name[0]);

（8）设有如下定义：

```
struct ss
{     char name[10];
      int age;
      char sex;
}std[3],*p=std;
```

下面各输入语句中错误的是（　　）。

A. scanf("%d",&(*p).age);

B. scanf("%s",&std.name);

C. scanf("%c",&std[0].sex);

D. scanf("%c",&(p->sex));

（9）

```
#include <stdio.h>
 struct stu
```

```
{  char num[10];
   float score[3];
} s[3]={{"20021",90,95,85},{"20022",95,80,75},{"20023",100,95,90}};
main()
{
    struct stu*p=s;
    int i;
    float sum=0;
    for (i=0;i<3;i++)
     sum=sum+p->score[i];
    printf("%6.2f\n",sum);
}
```

程序运行后输出结果是（　　）。

A. 260.00　　B. 270.00　　C. 280.00　　D. 285.00

二、编程题

（1)现有 4 名用户的信息，包括姓名、年龄、电话、籍贯，其信息分别为: {"Liu", 34, "5643213", "Guangzhou"}、{"Xu", 27, "2113456", "Shanghai"}、{"Zhang", 26, "2201100", "Wuhan"}、{"Yang", 33, "6201101", "Shenzhen"}，请编程按照他们的姓名降序进行输出显示。

（2）利用结构体类型编写一个程序，实现以下功能：根据输入的日期（年，月，日），求出这天是该年的第几天；根据输入的年份和天数，求出对应的日期。

任务十一

保存与查询评分系统数据

任务描述

◆ 将比赛成绩及排名保存下来，需要时可以查询

学习要点

◆ 文件的概念以及文件类型指针
◆ 文件的打开和关闭
◆ 文件的读写

学习目标

◆ 了解文件的概念
◆ 熟悉文件的存取方式
◆ 掌握文件指针的概念及其正确使用方法
◆ 掌握文件读写函数的使用

专业词汇

FILE	文件指针	fopen	文件打开	fclose	文件关闭

【任务说明】在任务九的完整的评分系统中，所涉及的数据量较大，每次运行程序时都需要通过键盘输入数据，这种输入方式不仅麻烦还容易出错，同时程序处理的结果也只能显示在屏幕上，没有保存。能否将输入/输出的数据以磁盘文件的形式存储起来，那样我们处理大批量数据的输入和输出问题将会变得十分方便，而且输出的结果也可以长期保留，以便需要时可以查询。程序运行结果如图 11.1 所示。

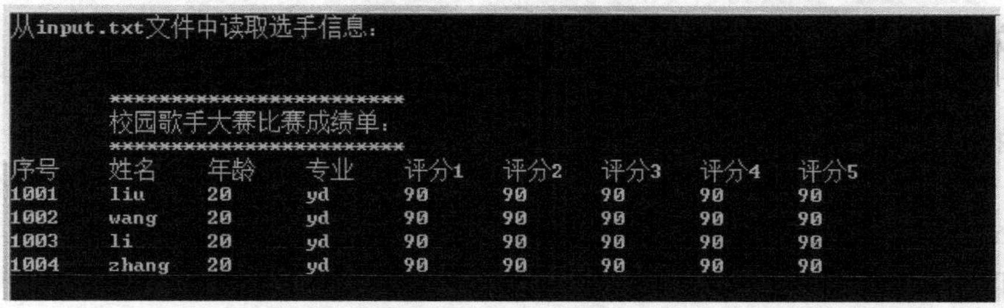

图 11.1 程序运行结果

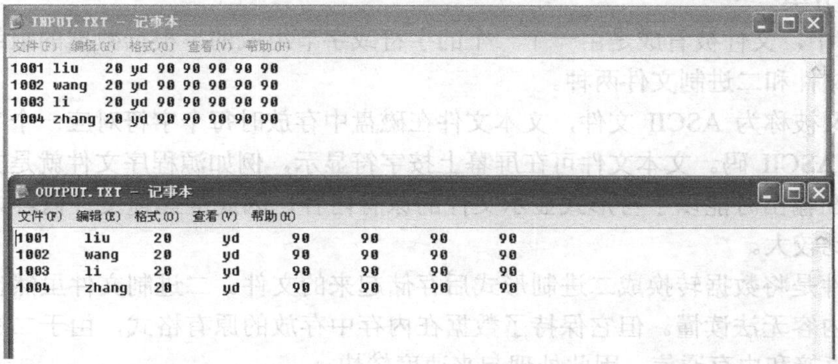

图 11.2 文本文件存储的原始数据

在这个任务中，我们需要解决以下几个问题：

（1）如何定义文件指针？

（2）如何实现文件的打开和关闭？

（3）如何将从键盘上输入的信息保存到文件中？

（4）如何将文件中的数据导入到程序中？

本任务由 4 个子任务组成。文件类型指针变量的定义；打开和关闭文件的方法；文件的读写操作，将文件中的数据（评委给各选手的评分）导入到程序中；将程序运行的结果（比赛成绩及排名）保存到键盘文件中。

任务 11.1 文件类型指针变量的定义

在实际的信息管理系统中所涉及的数据量是很大的，而且每次我们运行程序时都必须通过键盘将数据重新输入，非常麻烦，如何减少如此巨大的重复输入劳动呢？解决这个问题的方法就是使用文件，将输入的数据和输出的结果用文件保存起来，这将会大大减少输入的工作量，而且输出的结果也可以长期保留。

本任务实现文件类型指针变量的定义，熟悉 C 语言中对文件的定义，以及对文件的操作方法和操作步骤。

11.1.1 文件

1. 文件的概念

文件是一组相关数据的有序集合。每一个文件都有一个唯一的文件名。文件是外存中保存信息的最小单位。文件这个概念，对我们来说并不陌生，在前面的学习中我们已经使用到了多次，例如源程序文件、目标文件、可执行文件、库文件（头文件）等等。文件通常是驻留在外部介质（如磁盘等）上的，在使用时才被调入到内存中来。

2. 文件的分类

在 C 语言中，文件被看成是由一个一个的字符或字节组成的。根据数据的组织形式，文件可分为文本文件和二进制文件两种。

文本文件又被称为 ASCII 文件，文本文件在磁盘中存放时每个字符对应一个字节，用于存放其对应的 ASCII 码。文本文件可在屏幕上按字符显示，例如源程序文件就是文本文件。由于文本文件在输出时能以字符形式显示文件的原有内容，因此能读懂文件内容，但它占用的存储空间也比较大。

二进制文件是将数据转换成二进制形式后存储起来的文件。二进制文件虽然也可在屏幕上显示，但其内容无法读懂。但它保持了数据在内存中存放的原有格式，由于二进制文件可以不经过转换直接和内存通信，因此处理起来速度较快。

例如，整数 567 的存储形式如图 11.3 所示。

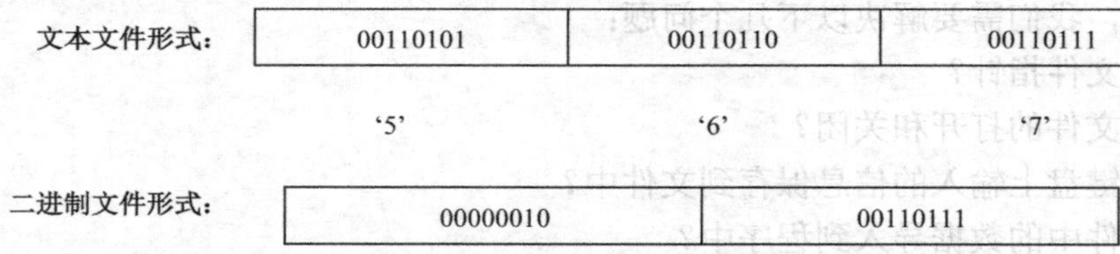

图 11.3　整数 567 的存储方式

3. 文件的处理

在 C 语言中，没有输入输出语句，对文件的读写通过 C 编译系统提供的文件读写函数实现的。ANSI 规定了标准输入输出函数，用它们对文件进行读写。在使用这些函数时，要先包含标题文件 stdio.h。进行文件操作需要严格依次进行文件打开、文件读写和文件关闭三个步骤，并按要求使用 C 编译系统提供的文件操作函数，见表 11.1。

表 11.1　文件的操作步骤及相关库函数

文件操作步骤	相关的库函数	函 数 功 能
文件打开	fopen()	打开文件
文件读写	fscanf()　fprintf()	格式读写
	fgetc()　fputs()	字符读写
	fgets()　fputs()	字符串读写
	fread()　fwrite()	数据块读写
文件关闭	fclose()	关闭文件

对文件的处理分以下 3 个步骤：

① 打开指定的文件；

② 对文件进行读写；

③ 关闭文件。

11.1.2 文件指针

对文件进行操作，需要使用文件指针。文件指针指向描述当前处理文件信息的结构变量，当文件指针与某个文件连接后，用户就可以通过文件指针对文件进行各种操作，而不是通过文件名了。文件指针是一种结构体类型变量，C 编译系统已将结构体定义好，并命名为 FILE，我们直接使用它定义就好。FILE 存放了文件名、文件状态标志及缓冲区大小等信息。FILE 是一个类型名，它已经在头文件 stdio.h 中声明。

定义文件指针变量的一般格式为：

```
FILE  *指针变量标识符;
```

11.1.3 定义文件指针变量

子任务 1 定义一个文件指针变量。

```
FILE  *fp;
```

fp 是一个指向 FILE 类型结构体的指针变量。可以让 fp 指向某一个文件的结构体变量，从而通过该结构体变量中的文件信息能够访问该文件。也就是说，通过文件指针变量能够找到与它相关的文件。

任务 11.2 文件的打开和关闭

对文件进行操作时，首先要定义文件指针，并将其与要操作的文件连接起来，这就需要将“文件打开”；使用完文件后，还需要将“文件关闭”，防止数据丢失。本任务将准备要读写相关文件 scoring system input.txt 和 scoring system output.txt，打开和关闭。

11.2.1 打开评分系统的输入/输出文件

在评分系统中，我们将系统输入文件 scoring system input.txt 的数据（评委给各选手的评分）导入到程序中以及将程序运行的结果（比赛成绩及排名）保存到键盘文件 scoring system output.txt 中，即分别是对 scoring system input.txt 文件的读操作和 scoring system output.txt 文件的写操作。在这之前，我们首先要以指定的格式打开相关文件，确保成功打开后，对其文件进行读写操作，最后关闭文件。

在 C 语言中，打开文件需用打开文件函数，关闭文件需用关闭文件函数。

11.2.2 打开文件函数

1. 打开文件函数 fopen()

打开一个文件通常应用如下格式：

```
FILE  *fp;
fp =fopen("文件名及路径", "使用文件方式");
```

表示定义一个首先定义一个文件类型，然后调用 fopen()函数以指定的方式打开特定的文件，并将 fopen()函数的返回值赋给文件指针 fp。

其中 fopen()函数：

第一个参数是要打开的文件名，是一个字符串常数或字符型数组，文件名可以带路径；

第二个参数是表示文件的读写方式，具体说明见表 11.2。

返回值：如果成功打开了文件，则返回一个指向该文件的 FILE 类型的指针。如果打开失败，则返回 NULL。

例如：打开 scoring system input.txt，由于任务 11.3 中将对该文件进行读操作，故“使用文件方式”为“r”。

解决方法可参考如下程序：

```
FILE  *fp;
fp=fopen("scoring system input.txt", "r");
```

其意义是以"r"只读方式，打开 scoring system input.txt 文件，fp 为 fopen()的返回值。

表 11.2 文件使用方式一览表

文件使用方式	意　义
"r"（只读）	以只读方式打开一个文本文件，只允许读数据，该文件必须存在
"w"（只写）	以只写方式打开或创建一个文本文件，只允许写数据
"a"（追加）	以追加方式打开一个文本文件，并在文件末尾写入数据
"rb"（只读）	以只读方式打开一个二进制文件，只允许读数据，该文件必须存在
"wb"（只写）	以只写方式打开或建立一个二进制文件，只允许写数据
"ab"（追加）	以追加方式打开一个二进制文件，并在文件末尾写数据
"r+"（读写）	以读写方式打开一个文本文件，允许读和写，该文件必须存在
"w+"（读写）	以读写方式打开或建立一个文本文件，允许读和写
"a+"（读追加）	以读追加方式打开一个文本文件，允许读，或在文件末追加数据
"rb+"（读写）	以读写方式打开一个二进制文件，允许读和写，该文件必须存在
"wb+"（读写）	以读写方式打开或建立一个二进制文件，允许读和写
"ab+"（读追加）	以读追加方式打开一个二进制文件，允许读，或在文件末追加数据

2. 判断是否成功打开文件

打开文件后常会作一些文件读取或写入的动作，如果打开文件失败，接下来的读写动作也无法顺利进行，所以一般在 fopen()后常作错误判断及处理。因此常用以下程序段打开文件：

```
FILE  *fp;
if((fp=fopen("scoring system input.txt", "r")== NULL)
{
```

```
        printf("\n Cannot open this file!");
        exit(0);
    }
```

这段程序的意义是，如果返回的指针为空，表示不能打开文件，则给出提示信息“Cannot open this file!”，然后执行 exit(0)退出程序。需要说明的使用 exit()函数，包含在头文件“stdlib.h”中；如果返回的指针不为空，表示成功打开文件，文件指针 fp 指向所打开的文件 scoring system input.txt。

11.2.3 关闭文件函数

在使用完一个文件后应该关闭它，以防止它再被误用。“关闭”就是使用文件指针变量不指向该文件，也就是文件指针变量与文件“脱钩”，此后不能再通过该指针对原来与其相联系的文件进行读写操作。除非再次打开，使该指针变量重新指向该文件。关闭文件要使用库函数 fclose()，其调用的一般格式为：

```
fclose(文件指针)
```

功能是关闭文件指针所指向的文件，该函数比较简单，没有返回值。

例如：

```
fclose(fp);
```

在程序设计中，为了防止数据的丢失，我们要养成关闭文件的好习惯。

任务 11.3 文件的读写

对文件的处理一般经过 3 个步骤，前面我们已经学会了打开和关闭文件的方法，接着我们就要使用文件，对文件进行“读”或“写”。“读”操作是将数据从文件读取到程序中，“写”操作是将程序中的数据写入到文件中。本任务实现文件的读操作，在评分系统中，将系统输入文件 scoring system input.txt 的数据（评委给各选手的评分）导入到程序中，以及将程序运行的结果（比赛成绩及排名）保存到键盘文件 scoring system output.txt 中。

11.3.1 将评委给分导入到程序（读文件）

改进评分系统，将从磁盘上系统输入文件 scoring system input.txt 的数据（评委给各选手的评分）导入到程序中。

（1）首先将从运行程序目录下，编辑文本文件 scoring system input.txt，输入各选手的评分，保存文件。

从 scoring system input.txt 文件读取数据，然后在屏幕上显示。

解决方法可参考如下程序：

```
#include"stdio.h"
#include"stdlib.h"
#define N 10
struct  player
```

```
{
    long num;
    char name[20];
    int age;
    char department[20];
int grade[5];
    float score;
};
void main()
{
        struct player s[20];
    int i;
            FILE *fp;
        if((fp=fopen("scoring system input.txt", "r"))==NULL)
        /*打开文件*/
            {
                printf("Can not open file!");
                exit(0);
            }
    printf("从文件中读取选手信息：\n");
    printf("序号\t姓名\t年龄\t专业班级\t评分1\t评分2\t评分3\t评分4\t评分5\n");
       /*从scoring system input.txt文件读取数据，然后显示在屏幕上*/
    for(i=0; i<N; i++)
        {
        fscanf(fp, "%ld %s %d %s %d %d %d %d %d ", &s[i].num, s[i].name,
           &s[i].age, s[i].department, &s[i].grade[0], &s[i].grade[1],
           &s[i].grade[2], &s[i].grade[3], &s[i].grade[4]);
        printf("%ld\t%s\t%d\t%s\t\t%d\t%d\t%d\t%d\t%d\n", s[i].num,
           s[i].name, s[i].age, s[i].department, s[i].grade[0],
           s[i].grade[1], s[i].grade[2], s[i].grade[3], s[i].grade[4]);
        }
        fclose(fp);
}
```

然后，我们可以对从文件中读取的数据进行统计和处理，方法同任务九。

【说明】

fprintf函数在写入数据时，数据是不会自动换行的，所以必须要加入'\n'，来达到换行的目的。

11.3.2 保存比赛成绩及排名到文件（写文件）

将程序运行的结果（比赛成绩及排名）保存到键盘文件 scoring system output.txt 中，以便需要时查询或打印。

解决方法可参考如下程序：

```
#include"stdio.h"
#include"stdlib.h"
```

```
#define N 10
struct  player
{
    long num;
    char name[20];
    int age;
    char department[20];
    int grade[5];
    float score;
    int rank;
};
void main()
{
    struct player s[20];
    int i;
    FILE *fp;
    if((fp=fopen("scoring system output.txt", "w"))==NULL)  /*打开文件*/
    {
        printf("Can not open file!");
        exit(0);
    }
       … …
      /*数据的导入，同上*/
      /*计算各选手的最后得分和排名，方法同任务九*/
    printf("比赛成绩单：\n");
    printf("序号\t姓名\t年龄\t专业班级\t得分\t排名\n");
    for(i=0; i<N; i++)
         fprintf(fp, "%ld\t%s\t%d\t%s\t%.2f\t%d \n", s[i].num, s[i].name,
              s[i].age, s[i].department, s[i].score, s[i].rank);
        fclose(fp);
}
```

11.3.3　文件的读写函数

在 C 语言中提供了多种文件读写的函数。

（1）字符读写函数：fgetc 和 fputc

（2）字符串读写函数：fgets 和 fputs

（3）数据块读写函数：fread 和 fwrite

（4）格式化读写函数：fscanf 和 fprintf

使用以上函数都要求包含头文件 stdio.h。

1．字符读写函数：fgetc 和 fputc

① fgetc 函数用于从指定的文件中读出一个字符。

一般格式为：

```
字符变量=fgetc(文件指针);
```

功能：从指定的文件中读取一个字符到字符变量中。

② fputc 函数用于把一个字符写入到指定文件中。

一般形式为：

```
fputc(字符变量，文件指针);
```

功能：将字符变量写入到指定的文件中去。

2. 字符串读写函数：fgets 和 fputs

① fgets 函数将从指定的文件中读入一个字符串，然后存入到字符数组中。

一般格式为：

```
fgets(str, n, fp)
```

功能：就是从 fp 所指向的文件中读取 n-1 个字符，再装配上字符串结束符'\0'后存入到 str 字符数组中。若执行成功，则返回 str 的值，否则，返回 0。

② fputs 函数将一个字符串（不包括字符串结束符）写入到指定的文件。

一般格式为：

```
fputs (str, fp)
```

功能：将 str 写入到 fp 所指向的文件中。其中 str 是一个字符串形式，可以是字符数组名也可以是指向字符串的指针，也可以是字符串常量。如果函数执行成功，则返回非负整数；否则，返回 EOF（符号常量，其值为-1）。

3. 数据块读写函数：fread 和 fwrite

① fread 函数从指定的文件中读入一组数据。

一般格式为：

```
fread(buffer, size, count, fp)
```

功能：是从 fp 指向的文件的当前位置开始，读取 count 次，每次 size 大小的数据，放到 buffer 所指向的地址空间。

② fwrite 函数将一组数据写入到指定的文件中。

一般格式为：

```
fwrite(buffer, size, count, fp)
```

功能：是将 buffer 指针所指的缓冲区中取出长度为 size 个字节，连续取 count 次，写到 fp 指向的文件中去。当调用成功时，返回实际写入的数据项数，否则返回零值。

4. 格式化读写函数：fscanf 和 fprintf

① fscanf 函数是格式化输入函数。

一般格式为：

```
fscanf(文件指针，格式控制串，输入项表)
```

功能：按照“格式控制串”所指定的输入格式，从指定文件中读出数据，然后再按照输入项地址表列的顺序，存入到相应的存储单元中。

例如：

```
fscanf(fp, "%d%s", &num, name);
```

其意义是从 fp 所指向文件中读出一个整数放入 num 中，再读出一个字符串放到 name 中。

② fprintf 函数是格式化输出函数。

一般格式为：

```
fprintf(文件指针，格式控制串，输出项表);
```

功能：把输出项表中的项，按照“格式控制串”的格式写入到指定的文件中去。

例如：

```
fprintf(fp, "%d%c", num, c);
```

其意义是把 num 和 c 分别按照整型和字符型的格式写入到 fp 所指的文件中去。

fscanf 和 fprintf 函数与前面学习过的 scanf 和 printf 函数的功能相似，都是格式化读写函数。它们的区别在于 fscanf 函数和 fprintf 函数的读写对象是磁盘文件，而 scanf 和 printf 函数的读写对象是键盘和显示器。

【例 11.1】从键盘输入一行字符，将其写入到 d:\myfile.txt 文件中，再把该文件的内容在屏幕上显示出来。

分析：

① 以“w”方式，打开文件 d:\myfile.txt;

② 从键盘上接收字符，写入到 d:\myfile.txt 中；

③ 关闭文件；

④ 以“r”方式，打开文件 d:\myfile.txt;

⑤ 从 d:\myfile.txt 文件中读出数据，显示到屏幕上；

⑥ 关闭文件。

【程序代码】

```
#include"stdio.h"
#include"stdlib.h"                          /*exit函数包含在该文件中*/
void main()
{
    FILE *fp;
    char c;
    if((fp=fopen("d:\\myfile.txt", "w"))==NULL)     /*打开文件*/
        {
         printf("Can not open file!");
         exit(0);
        }
    printf("请输入一行字符，以#结束\n");
    c=getchar();
    while(c!='#')                           /*从键盘上接收字符写入到文件中*/
     {
        fputc(c, fp);
        c=getchar();
    }
    fclose(fp);    /* 关闭文件*/
        if((fp=fopen("d:\\myfile.txt", "r"))==NULL)     /*打开文件*/
        {
          printf("Can not open file!");
          exit(0);
         }
while((c=fgetc(fp))!=EOF)                   /*从文件中读出数据显示在屏幕上*/
```

```
        putchar(c);
    fclose(fp);    /*关闭文件*/
    }
```

【说明】

① EOF 是文件结束标志，它的值是-1，EOF 在头文件 stdio.h 中声明。

② 在二进制文件中，没有设置 EOF 标志，因为某一个数值的二进制可能为-1，因此不能用-1 作为二进制文件的结束标志，判断二进制文件的结束使用函数 feof，注意函数 feof 同样也适合用于判断文本文件的结束。

一般格式为：

```
feof(fp);
```

从一个二进制文件中的读出数据，则可以：

```
while(!feof(fp))
{
    c=fgetc(fp);
    ......
}
```

当文件没结束时，feof(fp)的值为 0，当文件结束时，feof(fp)的值为 1，此时 while 循环停止执行。

【练习】

试着用除了 fscanf()和 fprintf()，其他文件的读写函数来实现文件的读写。

实训 12　文件的读写操作

一、实训目的

- 理解文件类型指针
- 掌握文件的打开与关闭方法
- 掌握文件的读写函数的使用方法

二、实训内容

1. 利用 fputc()和 fgetc()函数建立一个文本文件，并显示文件中的内容。

2. 复制一个磁盘文件。

习 题 11

一、选择题

(1) C 语言可以处理的文件类型是(   )。

A. 数据文件和二进制文件　　B. 数据文件和文本文件

C. 二进制文件和文本文件　　D. 以上答案都不对

(2) 以追加方式打开一个已有的文本文件 myfile.txt，fopen 的正确调用方式是(   )。

A. FILE *fp; fp=fopen("myfile.txt", "r");

B. FILE *fp; fp=fopen("myfile.txt", "a");

C. FILE *fp; fp=fopen("myfile.txt", "a+");

D. FILE *fp; fp=fopen("myfile.txt", "r+");

(3) fp 指向某个文件，如果读取该文件时已读到文件的末尾了，则函数 feof(fp)的返回值是(   )。

A. 0　　B. −1　　C. NULL　　D. 非零值

(4) 系统的标准输入文件是(   )。

A. 键盘　　B. 硬盘　　C. 显示器　　D. U 盘

(5) 在 C 语言中，可以把一个实数写入到文件中的函数是(   )。

A. fputc　　B. fputs　　C. fprintf　　D. fgetc

(6) 利用 fopen (fname, mode)函数实现的操作不正确的是(   )。

A. 正常返回被打开文件的文件指针，若执行 fopen 函数时发生错误则函数的返回 NULL

B. 若找不到由 pname 指定的相应文件，则按指定的名字建立一个新文件

C. 若找不到由 pname 指定的相应文件，且 mode 规定按读方式打开文件则产生错误

D. 为 pname 指定的相应文件开辟一个缓冲区，调用操作系统提供的打开或建立新文件功能

(7) 若要用 fopen 函数打开一个新的二进制文件，该文件要既能读也能写，则文件方式字符串应是(   )。

A. "ab+"　　B. "wb+"　　C. "rb+"　　D. "ab"

(8) 利用 fread (buffer,size,count,fp)函数可实现的操作是(   )。

A. 从 fp 指向的文件中，将 count 个字节的数据读到由 buffer 指定的数据区中

B. 从 fp 指向的文件中，将 size*count 个字节的数据读到由 buffer 指定的数据区中

C. 以二进制形式读取文件中的数据，返回值是实际从文件读取数据块的个数 count

D. 若文件操作出现异常，则返回实际从文件读取数据块的个数

（9）若要打开 a 盘上 user 子目录下名为 abc.txt 的文本文件进行读、写操作，下面符合此要求的函数调用是（　　）。

A. fopen("a:\user\abc.txt"，"r")

B. fopen("a:\user\abc.txt"，"r+")

C. fopen("a:\user\abc.txt"，"rb")

D. fopen("a:\user\abc.txt"，"w")

（10）执行函数 fopen ("abc.txt", "w+")的含义是（　　）。

A. 以读的方式打开一个文件　　B. 以写的方式打开一个文件

C. 创立一个既可读又可写的文件　　D. 创立一个只可写的文件

二、编程题

（1）从键盘输入一个字符串，将小写字母全部转换成大写字母，然后输出到一个磁盘文件“test”中保存。输入的字符串以！结束。

（2）有两个磁盘文件 A 和 B，各存放一行字母，要求把这两个文件中的信息合并（按字母顺序排列），输出到一个新文件 C 中。

（3）有五个学生，每个学生有 3 门课，从键盘输入数据（包括学号，姓名，三门课成绩），计算出平均成绩，将原有的数据和计算出的平均分数存放在磁盘文件"stud"中。

附 录

附录A ASCⅡ代码表

字符	ASCⅡ码	字符	ASCⅡ码	字符	ASCⅡ码	字符	ASCⅡ码	字符	ASCⅡ码
NUL	0	SUB	26	4	52	N	78	h	104
SOH	1	ESC	27	5	53	O	79	i	105
STX	2	FS	28	6	54	P	80	j	106
ETX	3	GS	29	7	55	Q	81	k	107
EOT	4	RS	30	8	56	R	82	l	108
EDQ	5	US	31	9	57	S	83	m	109
ACK	6	Space	32	:	58	T	84	n	110
BEL	7	!	33	;	59	U	85	o	111
BS	8	“	34	<	60	V	86	p	112
HT	9	#	35	=	61	W	87	q	113
LF	10	$	36	>	62	X	88	r	114
VT	11	%	37	?	63	Y	89	s	115
FF	12	&	38	@	64	Z	90	t	116
CR	13	‘	39	A	65	[	91	u	117
SO	14	(	40	B	66	\	92	v	118
SI	15	)	41	C	67	]	93	w	119
DLE	16	*	42	D	68	^	94	x	120
DC1	17	+	43	E	69	_	95	y	121
DC2	18	,	44	F	70	’	96	z	122
DC3	19	-	45	G	71	a	97	{	123
DC4	20	.	46	H	72	b	98	|	124
NAK	21	/	47	I	73	c	99	}	125
SYN	22	0	48	J	74	d	100	~	126
ETB	23	1	49	K	75	e	101	del	127
CAN	24	2	50	L	76	f	102		
EM	25	3	51	M	77	g	103		

附录 B　C 运算符的优先级与结合性

<table>
<tr><th>优先级</th><th>运算符</th><th>功能</th><th>操作数个数</th><th>结合性</th></tr>
<tr><td>1</td><td>()
[]
→
.</td><td>圆括号，提高优先级
下标运算，访问地址
指向结构或联合成员
取结构或联合成员</td><td>2
2
2</td><td>自左至右</td></tr>
<tr><td>2</td><td>!
~
++
--
（类型关键字）
*
&
sizeof</td><td>逻辑非
按位取反
加 1
减 1
强制类型转换
访问地址或指针
取地址
测试数据长度</td><td>1
1
1
1
1
1
1
1</td><td>自右至左</td></tr>
<tr><td>3</td><td>*
/
%</td><td>乘法
除法
求整数余数</td><td>2
2
2</td><td>自左至右</td></tr>
<tr><td>4</td><td>+
-</td><td>加法
减法</td><td>2
2</td><td>自左至右</td></tr>
<tr><td>5</td><td><<
>></td><td>左移位
右移位</td><td>2
2</td><td>自左至右</td></tr>
<tr><td>6</td><td>< >、<=、>=</td><td>关系运算</td><td>2</td><td>自左至右</td></tr>
<tr><td>7</td><td>= =
! =</td><td>等于
不等于</td><td>2
2</td><td>自左至右</td></tr>
<tr><td>8</td><td>&</td><td>按位与</td><td>2</td><td>自左至右</td></tr>
<tr><td>9</td><td>^</td><td>按位异或</td><td>2</td><td>自左至右</td></tr>
<tr><td>10</td><td>|</td><td>按位或</td><td>2</td><td>自左至右</td></tr>
<tr><td>11</td><td>&&</td><td>逻辑与</td><td>2</td><td>自左至右</td></tr>
<tr><td>12</td><td>| |</td><td>逻辑或</td><td>2</td><td>自左至右</td></tr>
<tr><td>13</td><td>?:</td><td>条件运算</td><td>3</td><td>自右至左</td></tr>
<tr><td>14</td><td>=、+=、-=、
*=、/=、%=、
&=、^=、|=</td><td>赋值运算</td><td>2</td><td>自右至左</td></tr>
<tr><td>15</td><td>,</td><td>逗号运算</td><td></td><td>自左至右</td></tr>
</table>

附录C Turbo C2.0常用的库函数及其标题文件

一、输入/输出函数（标题文件 stdio.h）

函数名	函数原型说明	功能	返回值
clearer	void clearer(FILE *fp)	清除与文件指针 fp 有关的所有出错信息	无
fclose	int fclose(FILE *fp)	关闭 fp 所指的文件	出错返回非 0，否则返回 0
feof	int feof(FILE *fp)	检查文件是否结束	遇文件结束返回非 0，否则返回 0
fgetc	int fgetc(FILE *fp)	从 fp 所指文件读取一个字符	出错返回 EOF，否则返回所读字符数
fgets	Char fgets(char *str, int num, FILE *fp)	从 fp 所指文件读取一个长度为 num-1 的字符串，存入 str 中	返回 str 地址，遇文件结束返回 NULL
fopen	FILE *fopen(const char *fname, const char *mode)	以 mode 方式打开文件 fname	成功时返回文件指针，否则返回 NULL
fprintf	int fprintf(FILE *fp, const char *format, arg-list)	将 arg-list 的值按 format 指定的格式写入 fp 所指文件中	返回实际输出的字符数
fputc	int fputc(int ch, FILE *fp)	将 ch 中的字符写入 fp 所指文件中	成功时返回该字符，否则返回 EOF
fputs	int fputs(const char *str, FILE *fp)	将 str 中的字符串写入 fp 所指文件中	成功时返回 0，否则返回非 0
fread	size_t fread(void buf, size_t size, size_t const, FILE *fp)	从 fp 所指文件读取长度为 size 的 count 个数据项，写入 fp 所指文件中	返回读取的数据项个数
fscanf	int fscanf(FILE *fp, const char *format, arg_list)	从 fp 所指文件按 fomart 指定的格式读取数据存入 arg_list 中	返回读取的数据个数，出错或遇文件结束返回 0
fseek	int fseek(FILE *fp, long offset, int origin)	移动 fp 所指的文件指针位置	成功时返回当前位置，否则返回−1
ftell	long ftell(FILE *fp)	求出 fp 所指文件的当前的读写位置	读写位置
fwrite	size_t fwrite(const void *buf, size_t size, size_t const, FILE *fp)	将 buf 所指的内存区中的 const *size 个字节写入 fp 所指文件中	写入的数据项个数
getc	int getc(FILE *fp)	从 fp 所指文件中读取一个字符	返回读取的字符，出错或遇文件结束时返回 EOF
getch	int getch(void)	从标准输入设备读取一个字符，不必用回车键，不在屏幕上显示	返回读取字符，否则返回 -1
getche	int getche(void)	从标准输入设备读取一个字符，不必用回车键，在屏幕上显示	返回读取字符，否则返回 -1

续表

函 数 名	函数原型说明	功 能	返 回 值
getchar	int getchar(void)	从标准输入设备读取一个字符，以回车键结束，并在屏幕上显示	返回读取字符，否则返回-1
gets	char *gets(char *str)	从标准输入设备读取一个字符串，遇回车键结束	返回读取的字符串
getw	int getw(FILE *fp)	从 fp 所指文件中读取一个整型数	返回读取的整数
printf	int printf(const char *format, arg_list)	将 arg_list 中的数据按 format 指定的格式输出到标准输出设备	返回输出的字符个数
putc	int putc(int ch, FILE *fp)	同 fputc	同 fputc
putchar	int putchar(int ch)	将 ch 中的字符输出到标准输出设备	返回输出的字符，出错返回 EOF
puts	int puts(const char *str)	将 str 所指内存区中的字符串输出到标准输出设备	返回换行符，出错返回 EOF
remove	int remove(const char *fname)	删除 fname 所指文件	成功返回 0，否则返回-1
rename	int rename (const char *oldfname , const char newfname)	将名为 oldname 的文件更名为 newname	成功返回 0，否则返回-1
rewind	void rewind(FILE *fp)	将 fp 所指文件的指针指向文件开头	无
scanf	int scanf(const char *format, arg_list)	从标准输入设备按 format 指定的格式读取数据，存入 arg_list 中	返回已输入的字符个数，出错返回 0

二、动态分配函数（标题文件 stdlib.h）

函 数 名	函数原型说明	功 能	返 回 值
calloc	void *calloc(size_t num, size_t size	为 num 个数据项分配内存，每个数据项大小为 size 个字节	返回分配的内存空间起始地址，分配不成功返回 0
free	void *free(void *ptr)	释放 ptr 所指的内存	无
malloc	void *malloc(size_t size)	分配 size 个字节的内存	返回分配的内存空间起始地址，分配不成功返回 0
realloc	void *realloc(void *ptr, size_t newsize	将 ptr 所指的内存空间改为 newsize 字节	返回新分配的内存空间起始地址，分配不成功返回 0

三、字符串函数（标题文件 string.h / mem.h）

函 数 名	函数原形说明	功 能	返 回 值
strcat	char *strcat(char *strl, const char *str2)	将字符串 str2 连接到 str1 后面	返回 strl 的地址
strchr	char *strchr(const char *str, int ch)	找出 ch 字符在字符串 str 中第一次出现的位置	返回 ch 的地址，找不到返回 NULL
strcmp	int strcmp(const char *strl, const char *str2)	比较字符串 str1 和 str2	str1<str2 返回负数 str1=str2 返回 0 str1>str2 返回正数
strcpy	char * strcpy(char *strl, const char *str2)	将字符串 str2 复制到 str1 中	返回 str1 的地址

续表

函 数 名	函数原形说明	功 能	返 回 值
strlen	size_t strlen(const char *str)	求字符串 str 的长度	返回 str1 包含的字符数（不含末尾的\0）
strlwr	char *strlwr(char *str)	将字符串 str 中的字母转换为小写字母	返回 str 的地址
strncat	char *strncat(char *str1, const char *str2, size_t count)	将字符串 str2 中的前 count 个字符连接到 str1 的后面	返回 str 的地址
strncpy	char *strncpy(char *dest, const char *source, size_t count)	将字符串 str2 中的前 const 个字符复制到 str1 中	返回 str 的地址
strstr	char *strstr(const char *strl, const char *str2)	找出字符串str2在字符串str中第一次出现的位置	返回 str2 的地址，找不到返回 NULL
strupr	char *strupr(char *str)	将字符串 str 中的字母转换为大写字母	返回 str 的地址

四、数学函数（标题文件 math.h）

函 数 名	函数原型说明	功 能	返 回 值
acos	double acos(double x)	计算 arccos(x)的值	计算结果
asin	double asin(double x)	计算 arcsin(x)的值	计算结果
atan	double atan(double x)	计算 arctan(x)的值	计算结果
atan2	double atan2(double y, double x)	计算 arctan（x/y）的值	计算结果
ceil	double ceil(double num)	求不小于 num 的最小整数	计算结果
cos	double cos(double x)	计算 cos(x)的值	计算结果
cosh	double cosh(double x)	计算 cosh(x)的值	计算结果
exp	double exp(double x)	计算的 e^x 值	计算结果
fabs	double fabs(double num)	计算 x 的绝对值	计算结果
floor	double floor(double num)	求不大于 x 的最大整数	计算结果
fmod	double fmod(double x, double y)	求 x/y 的余数（即求模）	计算结果
frexp	double frexp(double num, int *exp)	将双精度数分成尾数部分和指数部分	计算结果
hypot	double hypot(double x, double y)	计算直角三角形的斜边长	计算结果
log	double log(double num)	计算自然对数	计算结果
log10	double log10(double num)	计算常用对数	计算结果
modf	double modf(double num, int *i)	将双精度数 num 分解成整数部分和小数部分，整数部分存放在 i 所指的变量中	返回小数部分
pow	double pow(double base, double exp)	计算幂指数 x^y	计算结果
pow10	double pow10(int n)	计算指数函数 10^n	计算结果
sin	double sin(double x)	计算 sin(x)的值	计算结果
sinh	double sinh(double x)	计算 sinh(x)的值	计算结果
sqrt	double sqrt(double num)	计算 num 的平方根	计算结果
tan	double tan(double x)	计算 tan(x)的值	计算结果
tanh	double tanh(double x)	计算 tanh(x)的值	计算结果

五、字符判别和转换函数（标题文件 ctype.h）

函 数 名	函数原型说明	功 能	返 回 值
isalnum	int isalnum(int ch)	检查 ch 是否为字母或数字	是，返回 1，否则返回 0
isalpha	int isalpha(int ch)	检查 ch 是否为字母	是，返回 1，否则返回 0
isascii	int isascii(int ch)	检查 ch 是否为 ASCⅡ字符	是，返回 1，否则返回 0
iscntrl	int iscntrl(int ch)	检查 ch 是否为控制字符	是，返回 1，否则返回 0
isdigit	int isdigit(int ch)	检查 ch 是否为数字	是，返回 1，否则返回 0
isgraph	int isgraph(int ch)	检查 ch 是否为可打印字符，即不包括控制字符和空格	是，返回 1，否则返回 0
islower	int islower(int ch)	检查 ch 是否为小写字母	是，返回 1，否则返回 0
isprint	int isprint(int ch)	检查 ch 是否为字母或数字	是，返回 1，否则返回 0
ispunch	int ispunch(int ch)	检查 ch 是否为标点符号	是，返回 1，否则返回 0
isspace0	int isspace(int ch)	检查 ch 是否为空格	是，返回 1，否则返回 0
isupper	int isupper(int ch)	检查 ch 是否为大写字母	是，返回 1，否则返回 0
isxdigit	int isxdigit(int ch)	检查 ch 是否为十六进制数字	是，返回 1，否则返回 0
tolower	int tolower(int ch)	将 ch 中的字母转换为小写字母	返回小写字母
toupper	int toupper(int ch)	将 ch 中的字母转换为大写字母	返回大写字母